ベイシス数学ⅢC

基本例題からきちんと学べる数学

河合塾講師
竹内大栄 =著

改訂版

河合出版

は じ め に

　「数学Ⅲ・Cになって，数学はますます難しくなった……」そう思っている人も多いかもしれません．

　確かにそういう面はあります．数学Ⅲ・Cで扱う内容は幅広く，なおかつ，その一つ一つがなかなか高度な内容を含んでいます．

　けれども，別の見方をすれば，数学Ⅲ・Cは，いろいろな問題に統一的に使える方法を提供するものでもあります．また，計算手法などの基本的な内容が特に重要な科目であり，基本をしっかりマスターしてしまえば，あとは比較的容易に得意分野にしてしまえる科目とも言えます．

　この，ある意味お得な「数学Ⅲ・C」を，まずは基本から自分のものにしていきましょう．

　なお，数学Cのベクトル単元については，共通テストで必要となることが多い単元であることもあり，『ベイシス数学ⅡB＋ベクトル（三輪　一郎／著)』で扱っています．本書では，テスト対策問題にしぼって第7章で扱っていますので，活用してください．

　　　　　　　　　　　　　　　　　　　　　　　　河合塾　数学科
　　　　　　　　　　　　　　　　　　　　　　　　竹内　大栄

ベイシス III C のつかいかた

　まずは，各テーマの内容を理解するために，基本となる例題を読み解いていきましょう．テーマごとに目安となる学習時間を設けましたので，計画的に学習が進められます． 基本事項 では，理解するにあたってのポイントや留意点を確認することができます．ていねいでわかりやすい 解答 で，無理のない学習を手助けします．

　基本となる例題の内容が理解できたと思ったら，次に**解いてみよう**に進み，さらに理解を深めましょう．はじめは自力で解いてみて下さい．もしわからないと感じたら，別冊の解説編で解答を確認することができますので，安心して学習に取り組んで下さい．

3つの学習プランを章ごとに用意．自分に合った計画で学習効果をアップ．

❋ **はじめるプラン**：標準的なペースで進めたい．予習・復習にぴったり．

❋ **じっくりプラン**：苦手意識をなくし，自分の弱点を克服したい．

❋ **おさらいプラン**：ある程度自信ができたので，短い時間で確認したい．

この問題集をひととおりこなすのに目安となる期間

| **はじめる** プラン | … 1.5ヶ月 程度 | **じっくり** プラン | … 2ヶ月 程度 | **おさらい** プラン | … 1ヶ月 程度 |

　最後に，まとめとなる**テスト対策問題**を章末ごとに載せました．ここでは各テーマをどのくらい理解することができたのか，学力をテストすることができます．どの問題も実戦的な内容となっておりますので，力試しにチャレンジしてみましょう．

も　く　じ

別冊 ［解答・解説編］

第1章

関　数　数学Ⅲ

学習テーマ		学習時間	はじめる プラン	じっくり プラン	おさらい プラン
①	分数関数	10分	1日目	1日目	1日目
②	無理関数	10分		2日目	
③	逆関数	15分	2日目	3日目	2日目
④	合成関数	15分	3日目	4日目	

分数関数

次の分数関数について，そのグラフの漸近線の方程式を求め，それぞれグラフをかけ．

(1) $y = \dfrac{3}{x}$.

(2) $y = -\dfrac{2}{x+1}$.

(3) $y = \dfrac{3}{2x} + 1$.

(4) $y = \dfrac{5}{x+2} + 1$.

(5) $y = \dfrac{-2x+1}{x-1}$.

 基本事項

$y = \dfrac{k}{x}$ （k は 0 でない定数）のグラフは，

x 軸，y 軸を漸近線とする双曲線（反比例のグラフ）．

⇓ ・x を $x-a$ に変えると，グラフは x 軸方向に a だけ平行移動．

・y を $y-b$ に変えると，グラフは y 軸方向に b だけ平行移動．

$y - b = \dfrac{k}{x-a}$ （あるいは $y = \dfrac{k}{x-a} + b$）のグラフは，

2 直線 $x=a$, $y=b$ を漸近線とする双曲線．

解答

(1) 漸近線は，

$x=0$, $y=0$.

グラフは下図．

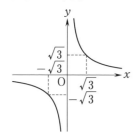

(2) 漸近線は，

$x=-1$, $y=0$.

グラフは下図．

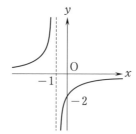

(3)　漸近線は,

$$x=0, \quad y=1.$$

グラフは下図.

(4)　漸近線は,

$$x=-2, \quad y=1.$$

グラフは下図.

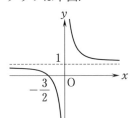

(5)　$y = \dfrac{-2(x-1)-1}{x-1}$

$\quad = -\dfrac{1}{x-1} - 2$

と変形されるので, 漸近線は,

$$x=1, \quad y=-2.$$

グラフは右図.

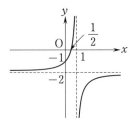

解説

(1)　反比例のグラフをかけばよい. x 軸, y 軸が漸近線となる.

(2)〜(4)については, グラフの平行移動を利用すればよい.

(2)は, $y=-\dfrac{2}{x}$ のグラフを x 軸方向に -1 だけ平行移動したもの,

(3)は, $y=\dfrac{3}{2x}$ のグラフを y 軸方向に 1 だけ平行移動したもの,

(4)は, $y=\dfrac{5}{x}$ のグラフを x 軸方向に -2, y 軸方向に 1 だけ平行移動したものである.

(5)については, 式を(4)と同様な形に変形することでグラフをかくことができる. この変形の際は, **$-2x+1$ を $x-1$ で割って, 商と余りを求めればよい.**

$$\begin{array}{r} -2 \\ x-1\overline{)-2x+1} \\ \underline{-2x+2} \\ -1 \end{array}$$
$-2x+1=-2(x-1)-1.$

解いてみよう①　答えは別冊2ページへ

次の分数関数のグラフをかけ.

(1)　$y=-\dfrac{1}{x-3}.$

(2)　$y=\dfrac{2}{2x-3}+1.$

(3)　$y=\dfrac{3x+2}{x+1}.$

② 無理関数

次の無理関数のグラフをかけ.

(1) $y=\sqrt{4x}$.

(2) $y=-\sqrt{x}$.

(3) $y=\sqrt{3-x}$.

(4) $y=1-\sqrt{-x}$.

 基本事項

根号の中に x を含む式で表された関数を, x の無理関数という.

$y=\sqrt{ax}$ のグラフは, $ax=y^2$ のグラフの $y\geqq0$ の部分,

$y=-\sqrt{ax}$ のグラフは, $ax=y^2$ のグラフの $y\leqq0$ の部分.

無理関数のグラフは, これらを平行移動したものと考える.

解答

(1) グラフは図の実線部分.

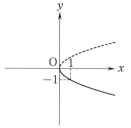

(2) グラフは図の実線部分.

(3) グラフは図の実線部分.

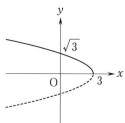

(4) グラフは図の実線部分.

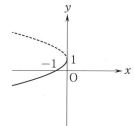

解説

(1)　$y=\sqrt{4x}$ の両辺を2乗すると，$y^2=4x$ となる.

$y^2=4x$ は，2次関数 $y=\dfrac{1}{4}x^2$ の x と y を入れ換えたもの

であるから，そのグラフは，放物線 $y=\dfrac{1}{4}x^2$ の x と y を入れ

換える（直線 $y=x$ に関して対称なグラフをかく）ことに
よって得られる.

> $y^2=4x$ は，$x=\dfrac{1}{4}y^2$
> と変形できる.

ただし，**求めるグラフは，$y^2=4x$ のグラフとは異なる**ので
注意が必要である.

$$y=\sqrt{4x} \iff y^2=4x \text{ かつ } y\geqq 0$$

であるから，求めるグラフは，$y^2=4x$ のグラフ（解答の図の
実線と点線をあわせたもの）のうち，$y\geqq 0$ の部分であること
がわかる.

(2), (3), (4)についても同様にして,

(2)　$x=y^2$ のグラフの，$y\leqq 0$ の部分,

(3)　$3-x=y^2$ のグラフの，$y\geqq 0$ の部分,

(4)　$-x=(y-1)^2$ のグラフの，$y\leqq 1$ の部分

である.

> $y-1=-\sqrt{-x}$ よ
> り，$-x=(y-1)^2$ か
> つ $y-1\leqq 0$.

また，(3), (4)については，前項と同様に,

(3)　$y=\sqrt{-x}$ のグラフを x 軸方向に3だけ平行移動した
　　もの,

> $y=\sqrt{3-x}$
> $=\sqrt{-(x-3)}$.

(4)　$y=-\sqrt{-x}$ のグラフを y 軸方向に1だけ平行移動し
　　たもの

と考えてもよい.

解いてみよう②　答えは別冊2ページへ

　次の無理関数のグラフをかけ.

(1)　$y=-2\sqrt{x}$.　　　　(2)　$y=\sqrt{2x-1}$.

③ 逆関数

次の関数の逆関数を求めよ．また，それぞれの逆関数の定義域，値域を求めよ．

(1) $y = 2x - 1$.

(2) $y = 3^x$.

(3) $y = \dfrac{3}{x+1}$.

(4) $y = -x^2 \ (x \geqq 0)$.

基本事項

関数 $y = f(x)$ について，y の値を定めると，それに対応して x の値がただ 1 つ定まるとき，x は y の関数といえる．

この関数を，$f(x)$ の逆関数といい，$f^{-1}(x)$ とかく.

逆関数の求め方

① 元の関数の式 $y = (x \text{の式})$ を変形して，
$$x = (y \text{の式}) \qquad (x = g(y))$$
の形にする．

② x と y を入れ換えて，
$$y = g(x)$$
の形で答える．

解答

(1) $y = 2x - 1$ を変形して，$x = \dfrac{y+1}{2}$.

よって，求める逆関数は，
$$y = \frac{x+1}{2}.$$

定義域：x はすべての実数，値域：y はすべての実数．

(2) $y = 3^x$ を変形して，$x = \log_3 y$.

よって，求める逆関数は，
$$y = \log_3 x.$$

定義域：$x > 0$，値域：y はすべての実数．

(3) $y = \dfrac{3}{x+1}$ を変形して，$x = \dfrac{3}{y} - 1$.

$y = \dfrac{3}{x+1}$ より，

$y(x+1) = 3$.

$x + 1 = \dfrac{3}{y}$.

$x = \dfrac{3}{y} - 1$.

よって，求める逆関数は，

$$y = \frac{3}{x} - 1.$$

定義域：$x < 0$, $0 < x$, 値域：$y < -1$, $-1 < y$.

(4)　$y = -x^2$ より，$x = \pm\sqrt{-y}$.

　　　$x \geqq 0$ であるから，$x = \sqrt{-y}$.

　　　よって，求める逆関数は，

$$y = \sqrt{-x}.$$

定義域：$x \leqq 0$, 値域：$y \geqq 0$.

解説

　例えば，方程式 $2x - 1 = 3$ を解くと $x = 2$ となり，方程式 $2x - 1 = 4$ を解くと $x = \frac{5}{2}$ となる.

　方程式 $2x - 1 = k$（k は定数）はいつでも解くことができて，解は $x = \frac{k+1}{2}$ となる.

　このように，方程式 $f(x) = k$ の解が常に 1 つに定まるとき，k の値からどのような計算をすれば方程式の解が求められるかを示す式が逆関数であると考えてもよい.

　(3) を例にとると，$\frac{3}{x+1} = k$ の解は，

　　$k = 0$ のとき，解なし，

　　$k \neq 0$ のとき，$x = \frac{3}{k} - 1$

となる. よって，$y = \frac{3}{x+1}$ の逆関数は，$y = \frac{3}{x} - 1$ であり，その定義域は $x < 0$, $0 < x$ となる.

　また，**関数 $y = f(x)$ のグラフと，その逆関数 $y = f^{-1}(x)$ のグラフは，直線 $y = x$ について対称である**ことも知っておこう.

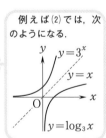

例えば (2) では，次のようになる.

解いてみよう③　答えは別冊 2 ページへ

　次の関数の逆関数を求めよ. また，それぞれの逆関数の定義域，値域を求めよ.

(1)　$y = 3 - x$.

(2)　$y = 2\log_2 x$.

(3)　$y = x^2 - 2x \ (x \leqq 1)$.

(4)　$y = \dfrac{1}{2x+1} \ (-2 \leqq x \leqq -1)$.

14

④ 合成関数

$f(x)=x+1$, $g(x)=x^2$ とする.

(1) 合成関数 $f \circ g(x)$, $g \circ f(x)$ をそれぞれ求めよ.

(2) $f(x)$ の逆関数を $f^{-1}(x)$ として, 合成関数 $f^{-1} \circ f^{-1}(x)$, $f^{-1} \circ f(x)$, $f^{-1} \circ g \circ f(x)$ をそれぞれ求めよ.

基本事項

$f \circ g(x) = f(g(x))$.

$$x \overset{g}{\longmapsto} g(x)$$
$$\parallel$$
$$u \overset{f}{\longmapsto} f(u) = f(g(x))$$

解答

(1) $\quad f \circ g(x) = f(g(x))$
$$= f(x^2)$$
$$= \boldsymbol{x^2 + 1}.$$
$$g \circ f(x) = g(f(x))$$
$$= g(x+1)$$
$$= \boldsymbol{(x+1)^2}.$$

(2) $\quad f^{-1}(x) = x - 1$ であるから,
$$f^{-1} \circ f^{-1}(x) = f^{-1}(f^{-1}(x))$$
$$= f^{-1}(x-1)$$
$$= (x-1)-1$$
$$= \boldsymbol{x-2}.$$
$$f^{-1} \circ f(x) = f^{-1}(f(x))$$
$$= f^{-1}(x+1)$$
$$= (x+1)-1$$
$$= \boldsymbol{x}.$$
$$f^{-1} \circ g \circ f(x) = f^{-1}(g \circ f(x))$$
$$= f^{-1}((x+1)^2)$$
$$= (x+1)^2 - 1$$
$$= \boldsymbol{x^2 + 2x}.$$

第
1
章

解説

　関数は，元になる数から別の数を計算する規則のことである
と考えてもよい．例えば $g(x)=x^2$ については，次のように
なる．

$$-1 \overset{g}{\longmapsto} 1$$
$$0 \overset{g}{\longmapsto} 0$$
$$1 \overset{g}{\longmapsto} 1$$
$$2 \overset{g}{\longmapsto} 4$$
$$-\sqrt{7} \overset{g}{\longmapsto} 7 \quad など．$$

　すると，いくつかの関数により，次々に数を計算することが
できる．例えば，$g(x)=x^2$，$f(x)=x+1$ の2つをこの順で
使えば，

$$-1 \overset{g}{\longmapsto} 1 \overset{f}{\longmapsto} 2$$
$$0 \overset{g}{\longmapsto} 0 \overset{f}{\longmapsto} 1$$
$$1 \overset{g}{\longmapsto} 1 \overset{f}{\longmapsto} 2$$
$$2 \overset{g}{\longmapsto} 4 \overset{f}{\longmapsto} 5$$
$$-\sqrt{7} \overset{g}{\longmapsto} 7 \overset{f}{\longmapsto} 8$$
$$a \overset{g}{\longmapsto} a^2 \overset{f}{\longmapsto} a^2+1$$

のようになる．この新しい関数が $f \circ g(x)$ である．

　なお，$f \circ g(x)$ と $g \circ f(x)$ は等しいとは限らないことと，◀────   (1)の結果参照．

$$\begin{cases} f^{-1} \circ f(x) = x, \\ f \circ f^{-1}(x) = x \end{cases}$$

であることは重要である．

> $y=f(x)$ で，y か
> ら x が定まるとき，
> 　$x=f^{-1}(y)$.
> よって，
> $x=f^{-1}(f(x))$
> 　$=f^{-1} \circ f(x)$,
> $y=f(f^{-1}(y))$
> 　$=f \circ f^{-1}(y)$.

解いてみよう④　　答えは別冊3ページへ

　　$f(x)=4^x$，$g(x)=2x$ とする．

(1)　合成関数 $f \circ g(x)$，$g \circ f(x)$ をそれぞれ求めよ．

(2)　関数 $h(x)$ があって，$h \circ g(x)=f(x)$ となるとき，$h(x)$ を求めよ．

第 1 章 テスト対策問題

1 (1) $y=\dfrac{2x}{x-3}$ について，グラフの漸近線の方程式を求め，グラフをかけ.

(2) (1)のグラフを利用して，不等式

$$x+4>\dfrac{2x}{x-3}$$

を解け.

2 (1) $y=\sqrt{x}$ のグラフをかけ.

(2) 不等式

$$\sqrt{x}>ax+b$$

の解が $1<x<4$ となるように，定数 a, b の値を求めよ.

(3) (2)の a, b に対して，不等式

$$\sqrt{x}<ax+b$$

を解け.

3 $f(x)=\dfrac{1}{ax+b}$ $(a, b$ は実数で，$a \neq 0)$ とする.

(1) $f(x)$ の逆関数 $f^{-1}(x)$ を求めよ.

(2) $y=f^{-1}(x)$ のグラフが $y=1$ を漸近線にもち，$(2, 2)$ を通るとき，a, b の値を求めよ.

4 $f_1(x)=\dfrac{1}{1-x}$ とし，

$$f_2(x)=f_1 \circ f_1(x),$$
$$f_3(x)=f_1 \circ f_2(x),$$
$$f_4(x)=f_1 \circ f_3(x)$$

のように，$f_n(x)$ $(n=2, 3, 4, \cdots)$ を順次定める.

(1) $f_2(x)$, $f_3(x)$ を求めよ.

(2) $f_{10}(x)$ を求めよ.

極　限 数学III

学習テーマ	学習時間	はじめる プラン	じっくり プラン	おさらい プラン
⑤ 数列の極限(1)	10分	1日目	1日目	1日目
⑥ 数列の極限(2)	15分		2日目	
⑦ 数列の極限(3)	15分	2日目	3日目	2日目
⑧ 数列の極限と図形	15分	3日目	4日目	
⑨ 関数の極限	10分	4日目	5日目	3日目
⑩ 関数の極限と連続性	15分	7日目	6日目	
⑪ 極限の公式	15分	6日目	7日目	4日目
⑫ 連続関数の性質	10分		8日目	

第
2
章

数列の極限(1)

次の一般項をもつ数列 $\{a_n\}$ について，その極限を調べよ.

(1) $a_n = \dfrac{1}{n}$.

(2) $a_n = n^2 - n$.

(3) $a_n = \dfrac{n-3}{n+1}$.

(4) $a_n = \dfrac{-2n^3}{n^2+2}$.

基本事項

数列 $\{a_n\}$ において，n を限りなく大きくするとき，a_n がある値 α に限りなく近づくならば，**$\{a_n\}$ は α に収束する**といい，

$$\lim_{n\to\infty} a_n = \alpha$$

とかく. $\{a_n\}$ がどんな値にも収束しないとき，**$\{a_n\}$ は発散する**という. $\{a_n\}$ が発散する場合は次のように分類できる.

$$\begin{cases} a_n \text{ が限りなく大きくなる場合.} & (\text{例}: a_n = n) & \lim_{n\to\infty} a_n = \infty. \\ a_n \text{ が限りなく小さくなる場合.} & (\text{例}: a_n = -n) & \lim_{n\to\infty} a_n = -\infty. \\ \text{それ以外の場合.} & (\text{例}: a_n = (-1)^n) & \text{振動.} \end{cases}$$

(1) $\displaystyle\lim_{n\to\infty} a_n = 0$, すなわち，**0 に収束する**.

(2) $\displaystyle\lim_{n\to\infty} a_n = \lim_{n\to\infty} n^2\left(1 - \dfrac{1}{n}\right) = \infty$, すなわち，**正の無限大に発散する**.

(3) $\displaystyle\lim_{n\to\infty} a_n = \lim_{n\to\infty} \dfrac{1 - \dfrac{3}{n}}{1 + \dfrac{1}{n}} = 1$, すなわち，**1 に収束する**.

(4) $\displaystyle\lim_{n\to\infty} a_n = \lim_{n\to\infty} \dfrac{-2n}{1 + \dfrac{2}{n^2}} = -\infty$, すなわち，**負の無限大に発散する**.

(解説)

　数列の極限は，先の方では数列がどうなっているかを調べるものである．正確な言い方ではないが，「∞」という非常に大きい数があると考えて，a_∞ がいくらになるか考えるとよい．

　そのためには，例えば a_{10000} などの具体的な項を考えると，イメージがつかみやすい．

　(1)では，$a_{10000} = \dfrac{1}{10000}$ であり，n がさらに大きくなると，分母がいくらでも大きくなっていくから，a_n は 0 に近づく．

　次のようにイメージしておけばよい．

$$\frac{1}{\infty} = 0.$$

答案用紙にはこのようにかいてはいけない．これはあくまでもイメージ．

　(2)では，$a_{10000} = 10000^2 - 10000 = 99990000$ であり，n が大きくなるとき，a_n もいくらでも大きくなりそうである．

　ただし，$\infty - \infty$（大きな数から大きな数をひく）というイメージでは，結果は不定なので，解答では $a_n = n^2\left(1 - \dfrac{1}{n}\right)$ と変形し，$n^2 \to \infty$，$1 - \dfrac{1}{n} \to 1$ より，$a_n \to \infty$ と結論を出した．

$\infty - \infty$ は**不定形**．

$\infty \cdot k = \infty$　（k は正の定数）．

　なお，$a_n = n(n-1)$ と変形して解答してもよい．なぜなら，

$\infty \cdot \infty = \infty$

であるから．

　(3), (4)では，n が限りなく大きくなるとき，分母，分子はともに，絶対値が限りなく大きくなる．このような場合は，分母が 0 以外の値に収束するように，分母，分子に同じ式をかけて変形すればよい．

$\dfrac{\infty}{\infty}$ は**不定形**．

解いてみよう⑤　答えは別冊5ページへ

次の数列の極限を求めよ．

(1) $\displaystyle\lim_{n \to \infty} \frac{100}{\sqrt{n}}$.

(2) $\displaystyle\lim_{n \to \infty} \frac{n^2 - 3n}{n+1}$.

(3) $\displaystyle\lim_{n \to \infty}(n^3 - 3n^2 - n + 2)$.

(4) $\displaystyle\lim_{n \to \infty} \sin n\pi$.

⑥ 数列の極限(2)

---

(1) 初項 3, 公比 $\dfrac{1}{4}$ の等比数列 $\{a_n\}$ について, $\displaystyle\lim_{n\to\infty}a_n$ および $\displaystyle\sum_{n=1}^{\infty}a_n$ を求めよ.

(2) 一般項が $a_n = x(x-2)^n$ で与えられる数列 $\{a_n\}$ について,

  (i) $\{a_n\}$ が収束するような実数 x の値の範囲, およびその極限値を求めよ.

  (ii) 無限等比級数 $a_1 + a_2 + a_3 + \cdots$ が収束するような実数 x の値の範囲, およびその極限値を求めよ.

基本事項

初項 a, 公比 r の等比数列 $\{a_n\}$ について, $\{a_n\}$ が収束する条件は,
$-1 < r \leq 1$ または $a = 0$ であり, その極限は,

$$\lim_{n\to\infty}a_n = \begin{cases} 0 & (-1 < r < 1 \text{ または } a = 0), \\ a & (r = 1). \end{cases}$$

また, $\displaystyle\sum_{k=1}^{n}a_k = S_n$ とするとき, $\{S_n\}$ が収束する条件は,
$-1 < r < 1$ または $a = 0$ であり, その極限は,

$$\lim_{N\to\infty}S_N = \lim_{N\to\infty}\sum_{n=1}^{N}a_n = \begin{cases} \dfrac{a}{1-r} & (-1 < r < 1), \\ 0 & (a = 0). \end{cases}$$

注 $\displaystyle\lim_{N\to\infty}\sum_{n=1}^{N}a_n$ を $\displaystyle\sum_{n=1}^{\infty}a_n$ とかくこともある.

解答

(1) 公比 $r = \dfrac{1}{4}$ は, $-1 < r < 1$ をみたすので,
$$\lim_{n\to\infty}a_n = 0, \quad \sum_{n=1}^{\infty}a_n = \dfrac{3}{1-\dfrac{1}{4}} = 4.$$

(2) 数列 $\{a_n\}$ は, 初項 $a_1 = x(x-2)$, 公比 $x-2$ の等比数列である.

  (i) a_n が収束する条件は,
$$-1 < x-2 \leq 1 \text{ または } x(x-2) = 0.$$
これを解いて, $x = 0$ または $1 < x \leq 3$.
また, 極限は,

$$\lim_{n \to \infty} a_n = \begin{cases} 0 & (x=0 \text{ または } 1<x<3 \text{ のとき}), \\ 3 & (x=3 \text{ のとき}). \end{cases}$$

(ii)　$a_1 + a_2 + a_3 + \cdots$ が収束する条件は,

$$-1 < x-2 < 1 \text{ または } x(x-2)=0.$$

これを解いて,　**$x=0$ または $1<x<3$.**

また,　極限は,

$x=0$ のとき,　$a_1 + a_2 + a_3 + \cdots = 0$, ← $a_1,\ a_2,\ a_3,\ \cdots$ はすべて 0.

$1<x<3$ のとき,　$a_1 + a_2 + a_3 + \cdots = \dfrac{x(x-2)}{1-(x-2)} = \dfrac{x(x-2)}{3-x}$.

解説

等比数列 $\{a_n\}$ について,

- ・初項が 0 であれば,　すべての項が 0 であるから,　数列 $\{a_n\}$ は 0 に収束する.
- ・初項が 0 でなく,　公比 r が $|r|<1$ をみたすとき,　$|a_n|$ は 0 に近づくので, $\{a_n\}$ は 0 に収束する.
- ・初項 a が 0 でなく,　公比が 1 であるとき,　すべての項が a であるから,　数列 $\{a_n\}$ は a に収束する.

以上の場合以外は,　数列 $\{a_n\}$ は発散する.　詳しくは,　次の通り.

初項を a,　公比を r として,

$r \leqq -1$ のとき,　$\{a_n\}$ は振動する,

$r>1$,　$a>0$ のとき,　$\{a_n\}$ は正の無限大に発散する,

$r>1$,　$a<0$ のとき,　$\{a_n\}$ は負の無限大に発散する.

$\displaystyle\sum_{n=1}^{\infty} a_n$ は,　$\displaystyle\lim_{n\to\infty}\sum_{k=1}^{n} a_k$ と同じ意味である.　これについては,　等比数列の和の公式を利用して考えることができる.

$r=1$ のとき,　$\displaystyle\sum_{k=1}^{n} a_k = an$ であるから,

$a=0$ のとき 0 に収束し,　$a \neq 0$ のとき発散する.

$r \neq 1$ のとき,　$\displaystyle\sum_{k=1}^{n} a_k = a \cdot \dfrac{1-r^n}{1-r}$ であるから,

$|r|<1$ のとき,　$a \cdot \dfrac{1-0}{1-r} = \dfrac{a}{1-r}$ に収束し, ← $\displaystyle\lim_{n\to\infty} r^n = 0\,(|r|<1).$

$r \leqq -1$,　$1<r$ のとき発散する. ← $\displaystyle\lim_{n\to\infty} r^n$ は発散 $(r \leqq -1,\ 1<r).$

解いてみよう⑥　　答えは別冊 5 ページへ

初項 x,　公比 $(x-1)$ である等比数列 $\{a_n\}$ について,　無限等比級数 $a_1 + a_2 + a_3 + \cdots$ が 3 に収束するという.

x の値を求めよ.

数列の極限(3)

次の一般項をもつ数列 $\{a_n\}$ について，それぞれその極限を調べよ．

(1) $a_n = \dfrac{2^n + 3^n}{2^n - 3^n}$.

(2) $a_n = \sqrt{n+2} - \sqrt{n}$.

(3) $a_n = \dfrac{1}{n} \sin \sqrt{2}\, n\pi$.

(4) $a_n = \displaystyle\sum_{k=1}^{n} \dfrac{k-1}{k}$.

基本事項

すべての n に対して $a_n \leqq b_n$ のとき，

$\displaystyle\lim_{n\to\infty} a_n = \alpha$, $\displaystyle\lim_{n\to\infty} b_n = \beta$ ならば，$\alpha \leqq \beta$.

$\displaystyle\lim_{n\to\infty} a_n = \infty$ ならば，$\displaystyle\lim_{n\to\infty} b_n = \infty$.

$\left(\begin{array}{l}\text{ただし，すべての } n \text{ に対して } a_n < b_n \text{ のときも，}\\[4pt] \displaystyle\lim_{n\to\infty} a_n = \lim_{n\to\infty} b_n \text{ となる場合があるので注意が必要である.}\end{array}\right)$

すべての n に対して $a_n \leqq b_n \leqq c_n$ であり，

$\displaystyle\lim_{n\to\infty} a_n = \lim_{n\to\infty} c_n = \alpha$ であれば，$\displaystyle\lim_{n\to\infty} b_n = \alpha$.

（はさみうちの原理）

(1) $\displaystyle\lim_{n\to\infty} a_n = \lim_{n\to\infty} \frac{\left(\dfrac{2}{3}\right)^n + 1}{\left(\dfrac{2}{3}\right)^n - 1} = \frac{1}{-1} = \boldsymbol{-1}$.

(2) $\displaystyle\lim_{n\to\infty} a_n = \lim_{n\to\infty} \frac{(\sqrt{n+2} - \sqrt{n})(\sqrt{n+2} + \sqrt{n})}{\sqrt{n+2} + \sqrt{n}}$

$\displaystyle = \lim_{n\to\infty} \frac{(\sqrt{n+2})^2 - (\sqrt{n})^2}{\sqrt{n+2} + \sqrt{n}} = \lim_{n\to\infty} \frac{2}{\sqrt{n+2} + \sqrt{n}}$

$\displaystyle = \lim_{n\to\infty} \frac{\dfrac{2}{\sqrt{n}}}{\sqrt{1 + \dfrac{2}{n}} + 1} = \frac{0}{2} = \boldsymbol{0}$.

(3)　$-\dfrac{1}{n} \leqq a_n \leqq \dfrac{1}{n}$ であり,

$\displaystyle\lim_{n\to\infty}\left(-\dfrac{1}{n}\right)=\lim_{n\to\infty}\dfrac{1}{n}=0$ であるから,　$\displaystyle\lim_{n\to\infty}a_n=\mathbf{0}.$

(4)　$a_n=\dfrac{0}{1}+\dfrac{1}{2}+\dfrac{2}{3}+\cdots+\dfrac{n-1}{n}$

$\geqq 0+\underbrace{\dfrac{1}{2}+\dfrac{1}{2}+\cdots+\dfrac{1}{2}}_{(n-1)\text{個}}$

$=\dfrac{1}{2}(n-1)$ であるから,　$a_n \geqq \dfrac{1}{2}(n-1).$

ここで,　$\displaystyle\lim_{n\to\infty}\dfrac{1}{2}(n-1)=\infty$ が成り立つから,　$\displaystyle\lim_{n\to\infty}a_n=\infty.$

解説

(1), (2)については, 極限を求めるための式変形がポイントとなる.

(1)では, 分母が収束するように, 分母, 分子に $\left(\dfrac{1}{3}\right)^n$ をかければよい.

(2)では, $\sqrt{A}-\sqrt{B}$ の形の $(\infty-\infty)$ 型の不定形が現れている. このようなときは, $\dfrac{\sqrt{A}+\sqrt{B}}{\sqrt{A}+\sqrt{B}}$ をかけて, $(\infty-\infty)$ 型の不定形を解消することを考えればよい.

(3)は, はさみうちの原理を用いる例である. 解答を理解しておくこと.

(4)では, 「$\displaystyle\lim_{n\to\infty}a_n=\infty$, $a_n \leqq b_n$ ならば, $\displaystyle\lim_{n\to\infty}b_n=\infty$」を利用した.

なお, 一般に,

「$\displaystyle\lim_{n\to\infty}a_n$ が **0 に収束しないならば,** $\displaystyle\sum_{n=1}^{\infty}a_n$ **は発散する**」

が成り立つ. 本問では, $\displaystyle\lim_{n\to\infty}\dfrac{n-1}{n}=1$ であるから,

$\displaystyle\lim_{n\to\infty}a_n$, すなわち, $\displaystyle\sum_{n=1}^{\infty}\dfrac{n-1}{n}$ は発散する.

> 逆は成り立たない.
> $\displaystyle\lim_{n\to\infty}a_n=0$ であっても, $\displaystyle\sum_{n=1}^{\infty}a_n$ が収束するとは限らない.

解いてみよう⑦　答えは別冊5ページへ

次の極限を求めよ.

(1)　$\displaystyle\lim_{n\to\infty}\dfrac{2^n-3^n}{2^{2n}+3^n}.$

(2)　$\displaystyle\lim_{n\to\infty}(\sqrt{n^2+n}-\sqrt{n^2+1}).$

(3)　$\displaystyle\lim_{n\to\infty}\dfrac{(-1)^n}{n+1}.$

⑧ 数列の極限と図形

図のように，直角三角形の内側に，次々に正方形を作り，その面積を

$$S_1, \ S_2, \ S_3, \ \cdots$$

とする．

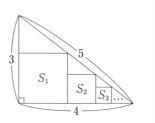

(1) S_1, S_2 を求めよ．

(2) $S_n \ (n=1, \ 2, \ 3, \ \cdots)$ を n を用いて表せ．

(3) $\displaystyle\sum_{n=1}^{\infty} S_n$ を求めよ．

基本事項

極限を利用する図形問題では，はじめにできるいくつかの図形についてきちんと調べれば，後は楽に求められることが多い．

解答

n 番目の正方形の 1 辺の長さを x_n とする．

$$S_n = x_n{}^2.$$

(1) 図のように A，B，C，D，E，F，G をとる．

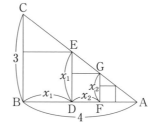

$\triangle ADE \backsim \triangle ABC$ であるから，

$$AD : DE = AB : BC$$
$$= 4 : 3.$$

よって，$AD = \dfrac{4}{3}DE = \dfrac{4}{3}x_1$.

$$AB = AD + DB = \dfrac{4}{3}x_1 + x_1 = 4$$

より，　　$x_1 = \dfrac{12}{7}$.

さらに，$\triangle AFG \backsim \triangle ABC$ より，$AF = \dfrac{4}{3}FG = \dfrac{4}{3}x_2$.

$AD = AF + FD = \dfrac{4}{3}x_2 + x_2 = \dfrac{4}{3}x_1$ より，

$$\boxed{\begin{array}{l} \dfrac{7}{3}x_2 = \dfrac{4}{3}x_1 \ \text{より}, \\[2mm] x_2 = \dfrac{4}{7}x_1. \end{array}}$$

$$x_2 = \frac{4}{7}x_1 = \frac{48}{49}.$$

以上より，

$$S_1 = {x_1}^2 = \frac{\mathbf{144}}{\mathbf{49}},$$

$$S_2 = {x_2}^2 = \frac{\mathbf{2304}}{\mathbf{2401}}.$$

(2)　(1) と同様にして，

$$\frac{4}{3}x_{n+1} + x_{n+1} = \frac{4}{3}x_n$$

であるから，

$$x_{n+1} = \frac{4}{7}x_n.$$

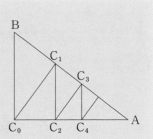

よって，数列 $\{x_n\}$ は，初項 $x_1 = \frac{12}{7}$，公比 $\frac{4}{7}$ の等比数列であり，

$$x_n = \frac{12}{7} \cdot \left(\frac{4}{7}\right)^{n-1} = 3\left(\frac{4}{7}\right)^n \quad (n = 1,\ 2,\ 3,\ \cdots).$$

したがって，

$$S_n = {x_n}^2 = 9\left(\frac{4}{7}\right)^{2n} \quad (n = 1,\ 2,\ 3,\ \cdots).$$

(3)　(2) より，数列 $\{S_n\}$ は，初項 $\frac{144}{49}$，公比 $r = \frac{16}{49}$ の等比

数列である．$|r| < 1$ であるから，$\displaystyle\sum_{n=1}^{\infty} S_n$ は収束し，

$$\sum_{n=1}^{\infty} S_n = \frac{\dfrac{144}{49}}{1 - r} = \frac{\dfrac{144}{49}}{\dfrac{33}{49}} = \frac{\mathbf{48}}{\mathbf{11}}.$$

解いてみよう⑧　　答えは別冊6ページへ

三角形 $\mathrm{ABC_0}$ は，$\mathrm{AB} = 2$，$\mathrm{BC_0} = 1$，$\mathrm{C_0A} = \sqrt{3}$ の直角三角形である．$\mathrm{C_0}$ から辺 AB に下ろした垂線の足を $\mathrm{C_1}$，$\mathrm{C_1}$ から辺 $\mathrm{AC_0}$ に下ろした垂線の足を $\mathrm{C_2}$，$\mathrm{C_2}$ から辺 AB に下ろした垂線の足を $\mathrm{C_3}$ とする．以下同様に，$\mathrm{C_4}$，$\mathrm{C_5}$，$\cdots$ を定める．

線分 $\mathrm{C_{n-1}C_n}$ の長さを l_n とするとき，

(1)　l_1，l_2 を求めよ．

(2)　l_n を n を用いて表せ．

(3)　$\displaystyle\sum_{n=1}^{\infty} l_n$ を求めよ．

⑨ 関数の極限

次の極限を求めよ.

(1) $\displaystyle \lim_{x \to 3} \frac{x^2-4}{x+3}$.

(2) $\displaystyle \lim_{x \to 1} \frac{x^3-1}{x-1}$.

(3) $\displaystyle \lim_{x \to 2} \frac{\sqrt{x+1}-\sqrt{3}}{x-2}$.

(4) $\displaystyle \lim_{x \to 1-0} \frac{x^2-1}{|x-1|}$.

基本事項

関数 $f(x)$ において, x が a 以外の値をとりながら a に限りなく近づくとき, $f(x)$ がある値 α に限りなく近づくならば,

$x \to a$ のとき $f(x)$ は α に収束する といい,

$$\lim_{x \to a} f(x) = \alpha$$

とかく.

関数 $f(x)$ において, x が a より大きい値をとりながら a に限りなく近づくとき, $f(x)$ が α に限りなく近づくならば,

$$\lim_{x \to a+0} f(x) = \alpha,$$

x が a より小さい値をとりながら a に限りなく近づくとき, $f(x)$ が α に限りなく近づくならば,

$$\lim_{x \to a-0} f(x) = \alpha$$

とかく.

$\displaystyle \lim_{x \to 0+0}$, $\displaystyle \lim_{x \to 0-0}$ のことをそれぞれ, $\displaystyle \lim_{x \to +0}$, $\displaystyle \lim_{x \to -0}$ とかくことがある.

(1) $\displaystyle \lim_{x \to 3} \frac{x^2-4}{x+3} = \frac{3^2-4}{3+3} = \frac{5}{6}$.

(2) $\displaystyle \lim_{x \to 1} \frac{x^3-1}{x-1} = \lim_{x \to 1} \frac{(x-1)(x^2+x+1)}{x-1} = \lim_{x \to 1}(x^2+x+1) = 3$.

(3) $\displaystyle \lim_{x \to 2} \frac{\sqrt{x+1}-\sqrt{3}}{x-2} = \lim_{x \to 2} \frac{(\sqrt{x+1}-\sqrt{3})(\sqrt{x+1}+\sqrt{3})}{(x-2)(\sqrt{x+1}+\sqrt{3})}$

第2章

$$=\lim_{x\to 2}\frac{(\sqrt{x+1})^2-(\sqrt{3})^2}{(x-2)(\sqrt{x+1}+\sqrt{3})}$$

$$=\lim_{x\to 2}\frac{x-2}{(x-2)(\sqrt{x+1}+\sqrt{3})}$$

$$=\lim_{x\to 2}\frac{1}{\sqrt{x+1}+\sqrt{3}}=\frac{1}{\sqrt{3}+\sqrt{3}}=\frac{\sqrt{3}}{6}.$$

(4) $\displaystyle\lim_{x\to 1-0}\frac{x^2-1}{|x-1|}=\lim_{x\to 1-0}\frac{x^2-1}{-(x-1)}$ ← $x<1$ のとき，$|x-1|=-(x-1)$.

$$=\lim_{x\to 1-0}\frac{(x+1)(x-1)}{-(x-1)}$$

$$=\lim_{x\to 1-0}\{-(x+1)\}=-(1+1)=-2.$$

解説

関数の極限の問題では，x がある値 a の近くで，$f(x)$ の値がどうなるかを調べる．数列の極限と同様，$x=a$ のときを考えると，イメージがつかみやすい．

(1)では，x が 3 に近い値のとき，分母 $x+3$ は 6 に近い値，分子 x^2-4 は 5 に近い値となるから，分数の値は $\dfrac{5}{6}$ に近くなる．

(2)では，分母，分子がともに 0 に近い値となるから，$x=1$ を考えるだけでは極限は求められない．

$$\frac{0}{0}\text{ は不定形}.$$ ← イメージ.

このようなときは，分母，分子を同じ式で割って，分母が 0 以外の値に収束するようにすればよい．

(3)，(4)も同様であるが，(3)では $\sqrt{A}-\sqrt{B}$ の形を避ける変形（**7 数列の極限**(3)参照）を用いた．また，(4)では，x が 1 より小さい値をとりながら変化することから，$|x-1|=-(x-1)$ としている．

解いてみよう⑨ 答えは別冊6ページへ

次の極限を求めよ．

(1) $\displaystyle\lim_{x\to\pi}\frac{\cos x}{x}$.

(2) $\displaystyle\lim_{x\to -2}\frac{x^3+8}{x^2-4}$.

(3) $\displaystyle\lim_{x\to 0}\frac{\sqrt{1+x}-\sqrt{1-x}}{x}$.

(4) $\displaystyle\lim_{x\to +0}\frac{(x+2)^2-4}{|x|}$.

関数の極限と連続性

次の関数は，$x=0$ において連続であるかどうか答えよ．ただし，$[x]$ は，x を超えない最大の整数を表す．

(1) $y=x^3-5x$.

(2) $y=[x]$.

(3) $y=|x|+2$.

(4) $y=|2x-2[x]-1|$.

 基本事項

関数 $f(x)$ について，その定義域の x の値 a に対し，極限値 $\lim_{x \to a} f(x)$ が存在し，$\lim_{x \to a} f(x)=f(a)$ が成り立つとき，$f(x)$ は $x=a$ で連続であるという．

関数 $f(x)$ が，その定義域のすべての値で連続であるとき，$f(x)$ は連続関数であるという．

整式で表される関数，指数関数，対数関数，三角関数，分数関数，無理関数など，既に学んだ多くの関数が連続関数である．

解答

(1) 連続である．

(2) $\lim_{x \to +0} [x]=0$，$\lim_{x \to -0} [x]=-1$，$[0]=0$ であるから，不連続である．

(3) $\lim_{x \to 0}(|x|+2)=2$，$|0|+2=2$ であるから，連続である．

(4) $\lim_{x \to +0} |2x-2[x]-1|=\lim_{x \to +0} |2x-2\cdot0-1|=\lim_{x \to +0} |2x-1|=1$，

$\lim_{x \to -0} |2x-2[x]-1|=\lim_{x \to -0} |2x-2(-1)-1|=\lim_{x \to -0} |2x+1|=1$，

$|2\cdot0-2[0]-1|=|0-0-1|=1$ であるから，連続である．

解説

関数 $f(x)$ が $x=a$ において連続であるかどうか調べるには，$\lim_{x \to a} f(x)$ と $f(a)$ を比較すればよいが，既に学んだ多くの関数は連続関数であり，むしろ $\lim_{x \to a} f(x)$ を求めるために連続であることを利用している．

$[x]$（ガウス記号とよばれる）のような特別な関数については，実際に $\lim_{x \to a} f(x)$ と $f(a)$ を計算して比較してみることになる.

解答では，$\lim_{x \to +0} [x] = 0$，$\lim_{x \to -0} [x] = -1$ であることを利用しているが，このことは，x として 0 に近い正の値，負の値を代入してみれば納得できるはずである.

なお，連続であることは，イメージとしてはグラフがつながっていることである．以下に (1)〜(4) の関数のグラフを参考までに記しておく.

(1)

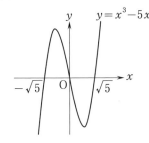

(2)

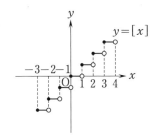

(3)

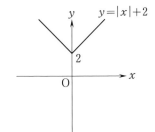

(4)

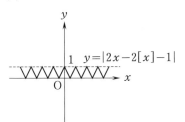

解いてみよう⑩ 答えは別冊 7 ページへ

次の関数 $f(x)$ が $x = 1$ において連続となるように，定数 a の値を定めよ.
$$f(x) = ([x] - a)^2.$$

 極限の公式

> 次の極限を求めよ．ただし，対数の底は e である．
>
> (1) $\displaystyle \lim_{x \to 0} \frac{\sin 2x}{x}$.
>
> (2) $\displaystyle \lim_{x \to 0} \frac{1 - \cos x}{x^2}$.
>
> (3) $\displaystyle \lim_{x \to 0} \frac{e^{2x} - 1}{x}$.
>
> (4) $\displaystyle \lim_{x \to 0} \frac{\log(1 + 3x)}{2x}$.

基本事項

$$\lim_{x \to 0} \frac{\sin x}{x} = 1.$$

$$\lim_{x \to 0} \frac{e^x - 1}{x} = 1. \qquad \cdots \text{①}$$

$$\lim_{x \to 0} \frac{\log(1 + x)}{x} = 1. \qquad \cdots \text{②}$$

ただし，②の対数の底は e である．

①および②の底として登場する数 e は，$e = \displaystyle \lim_{n \to \infty} \left(1 + \frac{1}{n}\right)^n$ で定義される実数であり，その値は $2.718\cdots$ である．

 解答

(1) $\displaystyle \lim_{x \to 0} \frac{\sin 2x}{x} = \lim_{x \to 0} \left(\frac{\sin 2x}{2x} \cdot \frac{2x}{x}\right) = 1 \cdot 2 = \mathbf{2}.$

(2) $\displaystyle \lim_{x \to 0} \frac{1 - \cos x}{x^2} = \lim_{x \to 0} \frac{(1 - \cos x)(1 + \cos x)}{x^2 (1 + \cos x)}$

$\displaystyle = \lim_{x \to 0} \frac{1 - \cos^2 x}{x^2 (1 + \cos x)}$

$\displaystyle = \lim_{x \to 0} \left\{\left(\frac{\sin x}{x}\right)^2 \cdot \frac{1}{1 + \cos x}\right\} = 1^2 \cdot \frac{1}{1 + 1} = \mathbf{\frac{1}{2}}.$

(3) $\displaystyle \lim_{x \to 0} \frac{e^{2x} - 1}{x} = \lim_{x \to 0} \left(\frac{e^{2x} - 1}{2x} \cdot \frac{2x}{x}\right) = 1 \cdot 2 = \mathbf{2}.$

(4) $\displaystyle \lim_{x \to 0} \frac{\log(1 + 3x)}{2x} = \lim_{x \to 0} \left\{\frac{\log(1 + 3x)}{3x} \cdot \frac{3x}{2x}\right\} = 1 \cdot \frac{3}{2} = \mathbf{\frac{3}{2}}.$

第2章

解説

基本事項に示した公式を用いて極限を求める例である.

(1)のように $\sin f(x)$ が式の中にあり，$f(x) \to 0$ であるときは，

$\sin f(x) = \dfrac{\sin f(x)}{f(x)} \cdot f(x)$ のように式を変形し，$\dfrac{\sin f(x)}{f(x)}$ の部分が 1 に近づくことを利用すればよい.

なお，別解として次のようにすることもできる.

$$\lim_{x \to 0} \frac{\sin 2x}{x} = \lim_{x \to 0} \frac{2 \sin x \cos x}{x} = \lim_{x \to 0} \left(2 \cdot \frac{\sin x}{x} \cdot \cos x \right)$$
$$= 2 \cdot 1 \cdot 1 = 2.$$

(2)のように $1 - \cos f(x)$ が式の中にあるときは，

$$1 - \cos f(x) = \frac{\sin^2 f(x)}{1 + \cos f(x)} = \left(\frac{\sin f(x)}{f(x)} \right)^2 \cdot \frac{(f(x))^2}{1 + \cos f(x)} \quad \text{と変形する.}$$

なお，これについても次の別解も考えられる.

$$\lim_{x \to 0} \frac{1 - \cos x}{x^2} = \lim_{x \to 0} \frac{2 \sin^2 \frac{x}{2}}{x^2} = \lim_{x \to 0} \left\{ \frac{1}{2} \cdot \left(\frac{\sin \frac{x}{2}}{\frac{x}{2}} \right)^2 \right\} = \frac{1}{2} \cdot 1^2 = \frac{1}{2}. \quad \Longleftarrow \boxed{1 - \cos 2\theta = 2 \sin^2 \theta.}$$

(3)のように $e^{f(x)} - 1$ があるときや，(4)のように $\log(1 + f(x))$ があるときは，

$$e^{f(x)} - 1 = \frac{e^{f(x)} - 1}{f(x)} \cdot f(x),$$
$$\log(1 + f(x)) = \frac{\log(1 + f(x))}{f(x)} \cdot f(x)$$

と変形する.

なお，(3)には次の別解も考えられる.

$$\lim_{x \to 0} \frac{e^{2x} - 1}{x} = \lim_{x \to 0} \frac{(e^x - 1)(e^x + 1)}{x} = \lim_{x \to 0} \left\{ \frac{e^x - 1}{x} \cdot (e^x + 1) \right\}$$
$$= 1 \cdot (e^0 + 1) = 2.$$

解いてみよう⑪　　答えは別冊7ページへ

次の極限を求めよ.

(1) $\displaystyle\lim_{x \to 0} \frac{x}{\sin 3x}$.

(2) $\displaystyle\lim_{x \to \pi} \frac{\sin x}{x - \pi}$.

(3) $\displaystyle\lim_{x \to 0} \frac{1 - e^{-x}}{\log(1 - x)}$.

連続関数の性質

(1) 方程式

$$2^x(x^3-1)+x=0$$

は，$0<x<1$ の範囲に実数解をもつことを示せ．

(2) 方程式

$$\frac{\sin x}{x}=\frac{1}{2}$$

は，正の実数解をもつことを示せ．

基本事項

関数 $f(x)$ が $a\leqq x\leqq b$ において連続で，$f(a)\neq f(b)$ であるとき，$f(a)$ と $f(b)$ の間の任意の値 k に対して，

$$f(x)=k,\quad a<x<b$$

をみたす実数 x が存在する． **（中間値の定理）**

(1) $f(x)=2^x(x^3-1)+x$ とおく．

$f(x)$ はすべての実数を定義域とする連続関数であり，

$$f(0)=-1,\quad f(1)=1$$

であるから，中間値の定理より，

$$f(x)=0,\quad 0<x<1$$

をみたす実数 x が存在する．

すなわち，与えられた方程式は，$0<x<1$ の範囲に実数解をもつ．

(2) $g(x)=\dfrac{\sin x}{x}$ とおく．

$g(x)$ は $\dfrac{\pi}{2}\leqq x\leqq\pi$ において連続であり，

$$g\left(\frac{\pi}{2}\right)=\frac{2}{\pi}>\frac{2}{4}=\frac{1}{2},\quad g(\pi)=0$$

であるから，中間値の定理より，

$$g(x)=\frac{1}{2}, \quad \frac{\pi}{2}<x<\pi$$

をみたす実数 x が存在する.

よって, 与えられた方程式は, 正の実数解をもつ.

解説

中間値の定理を用いると, 実際に解を求めなくても, 解が存在することがわかることがある.

(1)では, $0<x<1$ の範囲に実数解をもつことを示したいので,
$f(x)=2^x(x^3-1)+x$ として, $f(x)$ が連続関数であることと, 0 が $f(0)$ と $f(1)$ の間の値であることを示せばよい.

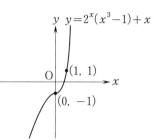

イメージとしては, グラフで考えるとよい.

$y=f(x)$ のグラフは, $(0, -1)$ と $(1, 1)$ を通るので, $0\leqq x\leqq1$ でグラフがつながっている以上, 必ず x 軸(直線 $y=0$)と交わる.

(2)も同様であるが, 中間値の定理にあてはまるようにするため, まず $\frac{\sin x}{x}$ が $\frac{1}{2}$ より大きくなるような x の値と, $\frac{1}{2}$ より小さくなるような x の値をみつけなければならない点が少し難しい.

なお, (2)は次のようにしてもよい.

$g(x)=\dfrac{\sin x}{x}$ とおく. $g(x)$ は $x>0$ で連続であり,

$$\lim_{x\to+0}g(x)=1 \quad \text{(⑪ 極限の公式 参照)}$$

$$\lim_{x\to\infty}g(x)=0 \quad \text{(⑦ 数列の極限 (3) 参照)}$$

であるから, $g(x)$ は, 正の x に対して, $0<g(x)<1$ をみたす任意の値をとり得る.

よって, $g(x)=\dfrac{1}{2}$ は, 正の実数解をもつ.

解いてみよう⑫ 答えは別冊 7 ページへ.

方程式 $2^x(3-x)=1$ は, 正の実数解, 負の実数解を両方もつことを示せ.

第 2 章　テスト対策問題

1　次の数列の極限を求めよ.

(1)　$\displaystyle\lim_{n\to\infty}\frac{(n-1)(n^2+2)}{(n+1)(n^2-2)}$

(2)　$\displaystyle\lim_{n\to\infty}\frac{1}{\sqrt{4n^2-1}-2n}$

(3)　$\displaystyle\lim_{n\to\infty}\sum_{k=1}^{n}\frac{1}{k(k+1)}$

2　数列 $\{a_n\}$ は初項 $1+r$, 公比 r の等比数列である.

(1)　$\{a_n\}$ が収束するような実数 r の値の範囲, およびその極限値を求めよ.

(2)　無限等比級数 $a_1+a_2+a_3+\cdots$ が収束するような実数 r の値の範囲, およびその極限値を求めよ.

3　次の極限を求めよ. ただし, 対数の底は e である.

(1)　$\displaystyle\lim_{x\to 0}\frac{e^{3x}-1}{e^{2x}-1}$

(2)　$\displaystyle\lim_{x\to -\infty}\left(\sqrt{x^2+2x+3}+x\right)$

(3)　$\displaystyle\lim_{x\to 0}\frac{\log(\cos 2x)}{x^2}$

答えは別冊 7〜9 ページ

微分法 数学Ⅲ

第3章

学習テーマ		学習時間	はじめる プラン	じっくり プラン	おさらい プラン
⑬	微分係数と接線の傾き	15分	1 日目	1 日目	1 日目
⑭	導関数の定義	10分	2 日目	2 日目	
⑮	導関数の公式	10分			
⑯	積，商の微分	15分	3 日目	3 日目	2 日目
⑰	合成関数の微分	20分		4 日目	
⑱	陰関数の微分	15分	4 日目	5 日目	3 日目
⑲	発展 対数微分法	15分		6 日目	
⑳	微分係数のまとめ	20分	5 日目	7 日目	4 日目
㉑	接線と法線	15分	6 日目	8 日目	
㉒	増減と極値	15分		9 日目	5 日目
㉓	最大値と最小値	15分	7 日目		
㉔	グラフの概形	15分		10 日目	
㉕	方程式，不等式への応用	15分	8 日目	11 日目	6 日目
㉖	変化する量と変化率	15分		12 日目	

微分係数と接線の傾き

関数 $f(x)=\dfrac{1}{x}$ について,

(1) t は $t \neq 2$ をみたす正の実数とする. x が 2 から t まで変化するとき, $f(x)$ の平均変化率を求めよ.

(2) t が限りなく 2 に近づくときの, (1)の平均変化率の極限を求めよ.

(3) 曲線 $y=f(x)$ の, 点 $\left(2, \dfrac{1}{2}\right)$ における接線の方程式を求めよ.

基本事項

関数 $f(x)$ について,

$$(\text{平均変化率})=\dfrac{(y \text{の変化量})}{(x \text{の変化量})}.$$

・x が a から t まで変化するときの平均変化率は, $\dfrac{f(t)-f(a)}{t-a}$.

・x が a から h だけ変化するときの平均変化率は, $\dfrac{f(a+h)-f(a)}{h}$.

微分係数 $f'(a)$ は, 平均変化率において, x の変化量が 0 に近づくときの極限. これは, 曲線 $y=f(x)$ の $x=a$ における接線の傾きである.

$$f'(a)=\lim_{t \to a}\dfrac{f(t)-f(a)}{t-a}$$

$$=\lim_{h \to 0}\dfrac{f(a+h)-f(a)}{h}.$$

 解答

(1) 求める平均変化率は,

$$\dfrac{f(t)-f(2)}{t-2}=\dfrac{\dfrac{1}{t}-\dfrac{1}{2}}{t-2}=\dfrac{2-t}{2t(t-2)}=-\dfrac{1}{2t}.$$

(2) $\displaystyle\lim_{t \to 2}\left(-\dfrac{1}{2t}\right)=-\dfrac{1}{4}.$

(3) (2)の極限は, 求める接線の傾きであるから, 点 $\left(2, \dfrac{1}{2}\right)$

を通り，傾き $-\dfrac{1}{4}$ の直線の方程式を求めればよい．

　求める接線の方程式は，

$$y=-\frac{1}{4}(x-2)+\frac{1}{2},$$

すなわち，

$$y=-\frac{1}{4}x+1.$$

(解説)

　平均変化率は，曲線 $y=f(x)$ 上の2点を結ぶ直線の傾き
を表している．

　図で t が2に限りなく近づくとき，平均変化率はこの曲線の
$x=2$ における接線の傾きに近づくことがわかる．この値が，
$x=2$ における微分係数である．

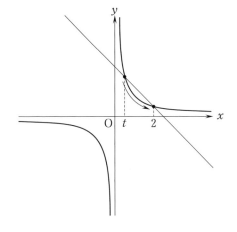

$t<2$ のときの図．
$t>2$ のときも同様．

解いてみよう⑬　答えは別冊9ページへ

　$f(x)=\log x$ とする．ただし，底は e とする．

(1)　t は $t\neq1$ をみたす正の定数とする．x が1から t まで変化するとき，$f(x)$
　の平均変化率を求めよ．

(2)　曲線 $y=f(x)$ の点 $(1,\ 0)$ における接線の方程式を求めよ．

導関数の定義

関数 $f(x)=\sqrt{x}$ について,

(1) 微分係数 $f'(4)$ を定義に従って求めよ.

(2) 導関数 $f'(x)$ を定義に従って求めよ.

基本事項

微分係数 $f'(a)=\lim_{t \to a}\dfrac{f(t)-f(a)}{t-a}$

$\qquad\qquad =\lim_{h \to 0}\dfrac{f(a+h)-f(a)}{h}.$

導関数 $f'(x)=\lim_{t \to x}\dfrac{f(t)-f(x)}{t-x}$

$\qquad\qquad =\lim_{h \to 0}\dfrac{f(x+h)-f(x)}{h}.$

解答

(1) $f'(4)=\lim_{h \to 0}\dfrac{f(4+h)-f(4)}{h}$

$\qquad =\lim_{h \to 0}\dfrac{\sqrt{4+h}-\sqrt{4}}{h}$

$\qquad =\lim_{h \to 0}\dfrac{(\sqrt{4+h}-2)(\sqrt{4+h}+2)}{h(\sqrt{4+h}+2)}$

$\qquad =\lim_{h \to 0}\dfrac{(4+h)-4}{h(\sqrt{4+h}+2)}$

$\qquad =\lim_{h \to 0}\dfrac{1}{\sqrt{4+h}+2}=\dfrac{1}{\sqrt{4}+2}=\dfrac{1}{4}.$

(2) $f'(x)=\lim_{h \to 0}\dfrac{f(x+h)-f(x)}{h}$

$\qquad =\lim_{h \to 0}\dfrac{\sqrt{x+h}-\sqrt{x}}{h}$

$\qquad =\lim_{h \to 0}\dfrac{(\sqrt{x+h}-\sqrt{x})(\sqrt{x+h}+\sqrt{x})}{h(\sqrt{x+h}+\sqrt{x})}$

$$=\lim_{h \to 0} \frac{(x+h)-x}{h(\sqrt{x+h}+\sqrt{x})}$$

$$=\lim_{h \to 0} \frac{1}{\sqrt{x+h}+\sqrt{x}} = \frac{1}{\sqrt{x+0}+\sqrt{x}} = \frac{1}{2\sqrt{x}}.$$

（解説）

　「$x = \bigcirc$ における微分係数」は，$\bigcirc$ に入る数によって値が定まるので，$\bigcirc$ の関数といえる．この関数を元の関数の導関数という．

<table>
<tr><td>関数</td><td>その値</td></tr>
<tr><td>$f(x) \longrightarrow$</td><td>$f(1),\ f(2)$ など</td></tr>
<tr><td>導関数</td><td>微分係数</td></tr>
<tr><td>$f'(x) \longrightarrow$</td><td>$f'(1),\ f'(2)$ など</td></tr>
</table>

第3章

解いてみよう⑭　答えは別冊 9 ページへ

　$f(x) = e^x$ に対して，$f'(x)$ を定義に従って求めよ．

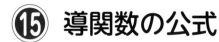 **導関数の公式**

次の関数を微分せよ.

(1) $y = x^5 - 2x^3$.

(2) $y = \sin x + \dfrac{1}{x}$.

(3) $y = 3e^x - 4\cos x$.

(4) $y = \dfrac{x^2 + x + 1}{\sqrt{x}}$.

基本事項

$(x^a)' = ax^{a-1}$ (a は定数).

$(\sin x)' = \cos x$.

$(\cos x)' = -\sin x$.

$(\tan x)' = \dfrac{1}{\cos^2 x}$.

$(\log|x|)' = \dfrac{1}{x}$.

$(\log_a |x|)' = \dfrac{1}{x \log a}$ (a は 1 ではない正の定数).

$(e^x)' = e^x$.

$(a^x)' = a^x \log a$ (a は正の定数).

 解答

(1) $y' = 5x^4 - 2 \cdot 3x^2 = \mathbf{5x^4 - 6x^2}$.

(2) $y = \sin x + x^{-1}$ であるから,
$$y' = \cos x - x^{-2} = \boldsymbol{\cos x - \dfrac{1}{x^2}}.$$

(3) $y' = 3e^x - 4(-\sin x) = \mathbf{3e^x + 4\sin x}$.

(4) $y = \dfrac{x^2 + x + 1}{x^{\frac{1}{2}}} = x^{\frac{3}{2}} + x^{\frac{1}{2}} + x^{-\frac{1}{2}}$ であるから,
$$y' = \frac{3}{2}x^{\frac{1}{2}} + \frac{1}{2}x^{-\frac{1}{2}} - \frac{1}{2}x^{-\frac{3}{2}} = \boldsymbol{\dfrac{3x^2 + x - 1}{2x\sqrt{x}}}.$$

第3章

解説

　導関数を求めることを微分するという．また，$y=f(x)$ を
微分したもののことを，

$$y'$$　　　　「yを微分したもの」

$$f'(x)$$　　　「$f(x)$を微分したもの」

$$\frac{dy}{dx}$$　　　　「yをxで微分したもの」

$$\frac{d}{dx}f(x)$$　「$f(x)$をxで微分したもの」

のように表す．

> 例えば，$\frac{dx}{dt}$ なら，
> 「xをtで微分したも
> の」となる．

　微分する際は，特に「定義に従って」と指定された場合以外
は，公式を用いて計算を進める．

　本書で次項以降に述べるように，

　　　これまでに学習した**どんな関数でも微分計算ができる**

ので，微分の計算については十分な練習をしておいてほしい．

　本項では，基本的な関数の微分の公式を示した．

　実際には，これらに加えて

$$\{kf(x)\}'=kf'(x) \quad (k は定数),$$
$$\{f(x)+g(x)\}'=f'(x)+g'(x)$$

も利用しているが，慣れれば，これらは意識しなくても使いこ
なせる．

> 　これらを組み合わせ
> ると，
> $$\{kf(x)+lg(x)\}'$$
> $$=kf'(x)+lg'(x),$$
> 特に
> $$\{f(x)-g(x)\}'$$
> $$=f'(x)-g'(x)$$
> などが得られる．

解いてみよう⑮　　答えは別冊9ページへ

　次の関数を微分せよ．

(1)　$y=2^{x+1}+2^{2x}$.

(2)　$y=\tan x-x$.

(3)　$y=\log_2 4x$.

⑯ 積，商の微分

次の関数を微分せよ.

(1) $y = xe^x$.

(2) $y = \dfrac{\cos x}{\sin x}$.

(3) $y = x^4 \sin x \log x$.

(4) $y = \sin^3 x$.

基本事項

$\{f(x)g(x)\}' = f'(x)g(x) + f(x)g'(x)$.

$\left\{\dfrac{f(x)}{g(x)}\right\}' = \dfrac{f'(x)g(x) - f(x)g'(x)}{\{g(x)\}^2}$.

解答

(1) $y' = e^x + \boldsymbol{x e^x}$.

(2) $y' = \dfrac{-\sin x \cdot \sin x - \cos x \cdot \cos x}{\sin^2 x} = \dfrac{-(\sin^2 x + \cos^2 x)}{\sin^2 x} = \boldsymbol{-\dfrac{1}{\sin^2 x}}$.

(3) $y' = (x^4 \sin x)' \log x + x^4 \sin x (\log x)'$

$= \{(x^4)' \sin x + x^4 (\sin x)'\} \log x + x^4 \sin x \cdot \dfrac{1}{x}$

$= (4x^3 \sin x + x^4 \cos x) \log x + x^3 \sin x$

$= \boldsymbol{4x^3 \sin x \log x + x^4 \cos x \log x + x^3 \sin x}$.

(4) $y' = (\sin^2 x)' \sin x + \sin^2 x (\sin x)'$

$= \{(\sin x)' \sin x + \sin x (\sin x)'\} \sin x + \sin^2 x (\sin x)'$

$= 3 \sin^2 x (\sin x)' = \boldsymbol{3 \sin^2 x \cos x}$.

解説

2つの関数の積 $f(x)g(x)$ を微分すると,

$\{f(x)g(x)\}' = \displaystyle\lim_{h \to 0} \dfrac{f(x+h)g(x+h) - f(x)g(x)}{h}$

$\qquad = \displaystyle\lim_{h \to 0} \dfrac{f(x+h)g(x+h) - f(x)g(x+h) + f(x)g(x+h) - f(x)g(x)}{h}$

$\qquad = \displaystyle\lim_{h \to 0} \left\{ \dfrac{f(x+h) - f(x)}{h} \cdot g(x+h) + f(x) \cdot \dfrac{g(x+h) - g(x)}{h} \right\}$

$\qquad = f'(x)g(x) + f(x)g'(x)$

分子に $f(x)g(x+h)$ をたしてひいた.

となる．(1)では，これを用いて $y'=(x)'e^x+x(e^x)'$ とすればよい．

2 つの関数の商 $\dfrac{f(x)}{g(x)}$ を微分すると，

$$\left\{\frac{f(x)}{g(x)}\right\}'=\lim_{h\to0}\frac{\dfrac{f(x+h)}{g(x+h)}-\dfrac{f(x)}{g(x)}}{h}=\lim_{h\to0}\frac{f(x+h)g(x)-f(x)g(x+h)}{hg(x+h)g(x)}$$

$$=\lim_{h\to0}\frac{f(x+h)g(x)-f(x)g(x)+f(x)g(x)-f(x)g(x+h)}{hg(x+h)g(x)}$$

分子に $f(x)g(x)$ をたしてひいた．

$$=\lim_{h\to0}\frac{1}{g(x+h)g(x)}\left\{\frac{f(x+h)-f(x)}{h}\cdot g(x)-f(x)\cdot\frac{g(x+h)-g(x)}{h}\right\}$$

$$=\frac{1}{g(x+0)g(x)}\{f'(x)g(x)-f(x)g'(x)\}=\frac{f'(x)g(x)-f(x)g'(x)}{\{g(x)\}^2}$$

となる．(2)では，これを用いて $y'=\dfrac{(\cos x)'\sin x-\cos x(\sin x)'}{(\sin x)^2}$ とすればよい．

商の微分法の公式は分子でどちらからどちらをひくかのまちがいが多いので気をつけたい．例えば，

$$\left(\frac{1}{x}\right)'=(x^{-1})'=-x^{-2}=\frac{-1}{x^2}$$

を商の微分を用いて計算すると，

$$\left(\frac{1}{x}\right)'=\frac{(1)'x-1\cdot(x)'}{x^2}=\frac{0-1}{x^2}=\frac{-1}{x^2}$$

となる．このような例で確認しながら使っていると，自然に覚えてしまうものである．

(3)，(4)では，それぞれ $y=(x^4\sin x)\cdot\log x$，$y=(\sin^2x)\cdot\sin x$ と考えて，積の微分法の公式をくり返して用いれば計算できる．

(4)は，次項の合成関数の微分を用いて計算することもできる．

なお，

$$\{f(x)g(x)h(x)\}'=\{f(x)g(x)\}'h(x)+f(x)g(x)h'(x)$$
$$=\{f'(x)g(x)+f(x)g'(x)\}h(x)+f(x)g(x)h'(x)$$
$$=f'(x)g(x)h(x)+f(x)g'(x)h(x)+f(x)g(x)h'(x)$$

である．

一般に，いくつかの関数の積を微分すると，

関数のうちの 1 つだけを微分し，他をそのままにしたものすべての和になる．

解いてみよう⑯　　答えは別冊 10 ページへ

次の関数を微分せよ．

(1)　$y=x\sin x+\cos x$.

(2)　$y=3e^x\sin x$.

合成関数の微分

次の関数を微分せよ.

(1) $f(x) = (3x+4)^3$.

(2) $f(x) = \log(2x+5)$.

(3) $f(x) = \cos^2 x$.

(4) $f(x) = \sin(x^2)$.

(5) $f(x) = e^{2x}$.

(6) $f(x) = \sin(e^{\cos 2x})$.

基本事項

$$\{f \circ g(x)\}' = \{f(g(x))\}' = g'(x)f'(g(x)).$$

すなわち,$x \xrightarrow{g} u \xrightarrow{f} y$ のとき,

$$\frac{dy}{dx} = \frac{du}{dx} \cdot \frac{dy}{du}.$$

 解答

(1) $f'(x) = 3 \cdot 3(3x+4)^2 = \mathbf{9(3x+4)^2}$.

(2) $f'(x) = 2 \cdot \dfrac{1}{2x+5} = \dfrac{\mathbf{2}}{\mathbf{2x+5}}$.

(3) $f'(x) = -\sin x \cdot 2\cos x = \mathbf{-2\sin x \cos x}$.

(4) $f'(x) = \mathbf{2x \cos(x^2)}$.

(5) $f'(x) = \mathbf{2e^{2x}}$.

(6) $f'(x) = 2 \cdot (-\sin 2x) \cdot e^{\cos 2x} \cdot \cos(e^{\cos 2x}) = \mathbf{-2e^{\cos 2x} \sin 2x \cos(e^{\cos 2x})}$.

解説

ここで微分する関数 $f(x)$ は,いずれも合成関数とみなすことができる.

合成関数を微分するには,合成関数の各段階をそれぞれ微分し,積をとればよい.

例えば,(1)であれば,次のようにする.

$$
\begin{array}{ccc}
x & \longmapsto & 3x+4 \\
 & & \parallel \\
\Big\Downarrow & u & \longmapsto & u^3 \\
 & \Downarrow & & \parallel \\
3 & & 3u^2 & y
\end{array}
$$

第1段階の関数は,x を $3x+4$ にすることであり,このステップを微分すると,$(3x+4)' = 3$ である.

$(3x+4)$ を u とおくと,第2段階の関数は,u を u^3 にすることであり,このス

テップを微分すると，$(u^3)'=3u^2$ となることがわかる．

ここで，$u=3x+4$ であるから，求める導関数は，

$$f'(x)=3\cdot 3u^2=9u^2=9(3x+4)^2$$

と求められる．

(2)以降も同様であり，図式で示すと，以下のようになる．

(2) $x \longmapsto 2x+5$
　　　　　∥
　　　　　$u \longmapsto \log u$
　　　　　⇓　　∥
　　2　　$\dfrac{1}{u}$　y

$$f'(x)=2\cdot\dfrac{1}{u}$$
$$=\dfrac{2}{u}$$
$$=\dfrac{2}{2x+5}.$$

(3) $x \longmapsto \cos x$
　　　　　∥
　　　　　$u \longmapsto u^2$
　　　　　⇓　　∥
　　$-\sin x$　$2u$　y

$$f'(x)$$
$$=-\sin x\cdot 2u$$
$$=-2\sin x\cdot u$$
$$=-2\sin x\cos x.$$

(4) $x \longmapsto x^2$
　　　　　∥
　　　　　$u \longmapsto \sin u$
　　　　　⇓　　∥
　　$2x$　$\cos u$　y

$$f'(x)=2x\cdot\cos u$$
$$=2x\cos(x^2).$$

(5) $x \longmapsto 2x$
　　　　　∥
　　　　　$u \longmapsto e^u$
　　　　　⇓　　∥
　　2　　e^u　y

$$f'(x)=2\cdot e^u$$
$$=2e^{2x}.$$

(6) $x \longmapsto 2x$
　　　　　∥
　　　　　$s \longmapsto \cos s$
　　　　　　　　∥
　　　　　　　$t \longmapsto e^t$
　　　　　　　　　　∥
　　　　　　　　　$u \longmapsto \sin u$
　　　　　　　　　⇓　　∥
　　2　$-\sin s$　e^t　$\cos u$　y

(6)のように複雑なものでも，同じ考え方で微分できることが重要である．

解いてみよう⑰　答えは別冊 10 ページへ

次の関数を微分せよ．

(1) $y=\tan(\cos x)$.

(2) $y=e^{(x^2)}$.

陰関数の微分

$x^2 + y^2 = 2$ …① について,

(1) ① の両辺を x で微分することにより,$\dfrac{dy}{dx}$ を x,y の式で表せ.

(2) $y>0$ のとき,① は $y=\sqrt{2-x^2}$ …② と変形される.② から,$\dfrac{dy}{dx}$ を x の式で表し,(1)の結果と比較せよ.

曲線の方程式が $y=f(x)$ の形で表されていないとき,そのような方程式を **陰関数**という.

陰関数の両辺を x で微分することにより,$\dfrac{dy}{dx}$ を求めることができる.

その際,y は x の関数であると考えて,合成関数の微分法を用いる.

解答

(1) ① の両辺を x で微分すると,
$$2x + \frac{dy}{dx} \cdot 2y = 0. \quad \text{…③}$$
変形して,
$$x + \frac{dy}{dx} \cdot y = 0.$$
$$\boldsymbol{\frac{dy}{dx} = -\frac{x}{y}}.$$

(2) ② は $y = (2-x^2)^{\frac{1}{2}}$ となるので,
$$\frac{dy}{dx} = -2x \cdot \frac{1}{2}(2-x^2)^{-\frac{1}{2}} \qquad \text{← 合成関数の微分.}$$
$$= -\frac{\boldsymbol{x}}{\sqrt{2-x^2}}.$$
$y = \sqrt{2-x^2}$ であるから,これは(1)の結果と**一致**している.

第3章

解説

　① が表すのは，原点を中心とする，半径 $\sqrt{2}$ の円であり，x が定まっても y は1つに決まらない場合があるから，y は x の関数であるとはいえない．

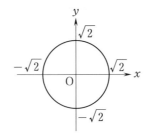

　しかし，$y>0$ の場合に限れば，② のように変形できるので，y は x の関数となる．

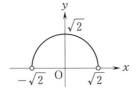

　このとき，y^2 を x で微分すると，合成関数の微分を用いて，

$$x \longmapsto y \longmapsto y^2$$
$$\Downarrow \qquad \Downarrow$$
$$\frac{dy}{dx} \qquad 2y$$

$$\frac{d}{dx}y^2 = \frac{dy}{dx}\cdot 2y$$

となるので，① の両辺を x で微分すると，③ のようになる．
　また，$y<0$ の場合に限ったときも，

$$y = -\sqrt{2-x^2}$$

と，y は x の関数となるので，③ は成り立つ．
　このように，陰関数では，y は x の関数であるとは限らないが，y の範囲を限定することにより，y を x の関数とみなすことができるので，$\dfrac{dy}{dx}$ を考えることができる．

解いてみよう⑱　　答えは別冊10ページへ

　曲線 $x^2-y^2=-1$ について，

(1)　$\dfrac{dy}{dx}$ を x，y を用いて表せ．

(2)　この曲線の点 (p, q)（ただし，$p^2-q^2=-1$）における接線の方程式は，

$$px-qy=-1$$

　　と表されることを示せ．

⑲ 発展 対数微分法

対数微分法を用いて，次の関数を微分せよ．

(1) $y = x^{-\frac{1}{2}}(x+1)^2(x+2)^{\frac{4}{3}}$ $(x>0)$.

(2) $y = x^x$ $(x>0)$.

基本事項

次の手順で導関数を求める方法を**対数微分法**という．

① $y = f(x)$ を変形して，$\log y = \log f(x)$ とする．

② $\log f(x)$ は，真数ができるだけ簡単な式となるように変形する．

③ 両辺を x で微分する．

$$\frac{d}{dx}(\log y) = \frac{y'}{y}.$$

④ ③の結果から，「$y' = (x,\ y\text{の式})$」の形を作り，元の関数の式を用いて y' を x で表す．

解答

(1) $\log y = \log\{x^{-\frac{1}{2}}(x+1)^2(x+2)^{\frac{4}{3}}\}$

$\qquad = -\dfrac{1}{2}\log x + 2\log(x+1) + \dfrac{4}{3}\log(x+2)$.

両辺を x で微分して，

$$\frac{y'}{y} = -\frac{1}{2x} + \frac{2}{(x+1)} + \frac{4}{3(x+2)}$$

$$= \frac{-3(x+1)(x+2) + 12x(x+2) + 8x(x+1)}{6x(x+1)(x+2)}$$

$$= \frac{17x^2 + 23x - 6}{6x(x+1)(x+2)}.$$

よって，

$$y' = \frac{17x^2 + 23x - 6}{6x(x+1)(x+2)} \cdot y$$

$$= \frac{17x^2 + 23x - 6}{6x(x+1)(x+2)} \cdot x^{-\frac{1}{2}}(x+1)^2(x+2)^{\frac{4}{3}}$$

$$=\frac{1}{6}x^{-\frac{3}{2}}(x+1)(x+2)^{\frac{1}{3}}(17x^2+23x-6).$$

(2) $\log y=\log x^x$

$\qquad =x\log x.$

両辺を x で微分して，

$$\frac{y'}{y}=1\cdot\log x+x\cdot\frac{1}{x}$$

$$=\log x+1.$$

よって，

$$y'=(\log x+1)y$$

$$=x^x(\log x+1).$$

解説

そのままでは微分するのが難しい関数でも，対数を考えると容易に微分できる場合がある．そのようなときは，対数微分法を用いるとよい．

なお，$\log y$ を x で微分すると，合成関数の微分法を利用して，結果は $\dfrac{dy}{dx}\cdot\dfrac{1}{y}=\dfrac{y'}{y}$ であることがわかる．

$$\begin{array}{ccc} x & \longmapsto y & \longmapsto \log y \\ & \Downarrow & \Downarrow \\ \dfrac{dy}{dx} & \dfrac{1}{y} & \end{array}$$

(1)のように，$(x\text{の式})^\circ$ の形のいくつかの式の積について，対数微分法を利用することができる．

なお，(1) の y については，**⑯ 積，商の微分** で示した，

$$\{f(x)g(x)h(x)\}'=f'(x)g(x)h(x)+f(x)g'(x)h(x)+f(x)g(x)h'(x)$$

を用いると，

$$y'=-\frac{1}{2}x^{-\frac{3}{2}}\cdot(x+1)^2(x+2)^{\frac{4}{3}}+x^{-\frac{1}{2}}\cdot 2(x+1)(x+2)^{\frac{4}{3}}$$

$$+x^{-\frac{1}{2}}(x+1)^2\cdot\frac{4}{3}(x+2)^{\frac{1}{3}}$$

であることが直接わかる．

(2)のように，$\{f(x)\}^{g(x)}$ の形の式については，対数微分法を用いないと微分することは難しい．

解いてみよう⑲ 答えは別冊 10 ページへ

次の関数を微分せよ．

(1) $y=(x^2+1)^x.$

(2) $y=x^{\sin x}\quad(x>0).$

微分計算のまとめ

次の関数を微分せよ.

(1) $y=(x^3+2x-3)^3$.

(2) $y=(x+1)\sqrt{x^2+1}$.

(3) $y=\dfrac{1}{x(x+1)}$.

(4) $y=\dfrac{x^3}{x^2-1}$.

(5) $y=\sin^3 x\cos^4 x$.

(6) $y=\cos(e^x)$.

(7) $y=\dfrac{1-e^x}{1+e^x}$.

(8) $y=x\log x-x$.

(9) $y=(1+e^x)^x$.

(10) $y=(-x)^x \quad (x<0)$.

基本事項

前項までで学んだ微分法の公式, 計算法を利用すれば, **どんな関数でも微分計算ができる**.

積, 商, 合成関数 ⟶ それぞれの公式を用いる.
$\{f(x)\}^{g(x)}$ の形 ⟶ 対数微分法を用いる.

 解答

(1) $y'=(3x^2+2)\cdot 3(x^3+2x-3)^2=3(3x^2+2)(x^3+2x-3)^2$.

(2) $y'=\sqrt{x^2+1}+(x+1)\cdot 2x\cdot\dfrac{1}{2\sqrt{x^2+1}}$

$=\dfrac{x^2+1}{\sqrt{x^2+1}}+\dfrac{x(x+1)}{\sqrt{x^2+1}}=\dfrac{2x^2+x+1}{\sqrt{x^2+1}}$.

(3) $y'=\dfrac{-(2x+1)}{\{x(x+1)\}^2}=-\dfrac{2x+1}{x^2(x+1)^2}$.

(4) $y'=\dfrac{3x^2(x^2-1)-x^3\cdot 2x}{(x^2-1)^2}=\dfrac{x^4-3x^2}{(x^2-1)^2}$.

(5) $y'=(\cos x\cdot 3\sin^2 x)\cos^4 x+\sin^3 x(-\sin x\cdot 4\cos^3 x)$

$=3\sin^2 x\cos^5 x-4\sin^4 x\cos^3 x$.

(6) $y'=e^x\cdot\{-\sin(e^x)\}=-e^x\sin(e^x)$.

(7) $y'=\dfrac{-e^x(1+e^x)-(1-e^x)e^x}{(1+e^x)^2}=\dfrac{-2e^x}{(1+e^x)^2}$.

(8)　$y'=\log x+x\cdot\dfrac{1}{x}-1=\boldsymbol{\log x}.$

(9)　$\log y=\log(1+e^x)^x=x\log(1+e^x)$

であるから，この両辺を x で微分して，

$$\dfrac{y'}{y}=\log(1+e^x)+x\cdot e^x\cdot\dfrac{1}{1+e^x}.$$

よって，

$$y'=\left\{\log(1+e^x)+\dfrac{xe^x}{1+e^x}\right\}y$$

$$=(1+e^x)^x\left\{\log(1+e^x)+\dfrac{xe^x}{1+e^x}\right\}.$$

(10)　$\log y=\log(-x)^x=x\log(-x)$

であるから，この両辺を x で微分して，

$$\dfrac{y'}{y}=\log(-x)+x\cdot(-1)\cdot\dfrac{1}{-x}$$

$$=\log(-x)+1.$$

よって，

$$y'=(-x)^x\{\log(-x)+1\}.$$

解説

(1)　合成関数の微分法.　(2)　積の微分法，合成関数の微分法.

(3), (4)　商の微分法.　(5)　積の微分法，合成関数の微分法.

(6)　合成関数の微分法.　(7)　商の微分法.

(8)　積の微分法.　(9), (10)　対数微分法.

　なお，(8) の結果 $(x\log x-x)'=\log x$ は，後に積分で有効となるので，覚えておくとよい.

解いてみよう⑳　答えは別冊 10 ページへ

次の関数を微分せよ.

(1)　$y=(\sin x+3x^2)^5.$

(2)　$y=x\cos x-\sin x.$

(3)　$y=\dfrac{1+\sin x}{\cos x}.$

(4)　$y=\tan\sqrt{x}.$

(5)　$y=e^{-x^2}.$

(6)　$y=\log 3x.$

(7)　$y=\log(\log_2 x).$

(8)　$y=\log_2(\log x).$

㉑ 接線と法線

曲線 $y=\log x$ について，次の直線の方程式を求めよ．

(1) 点 $(e^2,\ 2)$ における接線．　　(2) 点 $(e^2,\ 2)$ における法線．

(3) 傾きが 2 である接線．　　　　(4) 点 $(0,\ 2)$ を通る接線．

基本事項

曲線 $y=f(x)$ の点 $(a,\ f(a))$ における接線の傾きは $f'(a)$．

よって，接線の方程式は，

$$y=f'(a)(x-a)+f(a).$$

接点において接線と直交する直線を法線という．

$f'(a)\neq0$ のとき，法線の傾きは $-\dfrac{1}{f'(a)}$ であるから，法線の方程式は，

$$y=-\frac{1}{f'(a)}(x-a)+f(a).$$

注 $f'(a)=0$ のときは，接線の傾きは 0 であるから，法線は y 軸と平行であり，法線の方程式は $x=a$．

 解答

$y=\log x$ より $y'=\dfrac{1}{x}$．

(1) 求める接線の傾きは $\dfrac{1}{e^2}$ であり，接線の方程式は，

$$y=\frac{1}{e^2}(x-e^2)+2,$$

すなわち，

$$\boldsymbol{y=\frac{1}{e^2}x+1.}$$

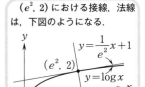

$(e^2,\ 2)$ における接線，法線は，下図のようになる．

(2) 求める法線の傾きは $-e^2$ であるから，法線の方程式は，

$$y=-e^2(x-e^2)+2,$$

すなわち，

$$\boldsymbol{y=-e^2x+e^4+2.}$$

(3) 接点の x 座標を a とすると，

$$\frac{1}{a} = 2.$$

これを解いて, $a = \frac{1}{2}$.

よって, 接点の座標は $\left(\frac{1}{2}, \ \log \frac{1}{2} \right)$ である.

接線の方程式は,

$$y = 2 \left(x - \frac{1}{2} \right) + \log \frac{1}{2},$$

すなわち,

$$\boldsymbol{y = 2x - 1 - \log 2}.$$

(4) 接点の x 座標を a とすると, 接線の方程式は,

$$y = \frac{1}{a}(x - a) + \log a \quad \cdots (*)$$

と表される.

これが点 $(0, 2)$ を通るとき,

$$2 = -1 + \log a.$$
$$\log a = 3.$$
$$a = e^3.$$

これを $(*)$ に代入して, 求める接線の方程式は,

$$y = \frac{1}{e^3}(x - e^3) + \log e^3, \qquad \boxed{\log e^3 = 3.}$$

すなわち,

$$\boldsymbol{y = \frac{1}{e^3} x + 2}.$$

解説

すでに ⓭ **微分係数と接線の傾き** で学んだように, 接線の傾きは接点における微分係数である. よって, 接点がわかっているときは接線の傾きがわかるから, 容易に接線の方程式が求められる.

接点がわかっていないときは, **接点がわかっていることにして解いていけばよい**. すなわち, (3), (4)でやったように, 接点の x 座標を a などとおいて考えていけば解決する.

解いてみよう㉑　答えは別冊11ページへ

次の条件をみたす接線の方程式を求めよ.

(1) 曲線 $y = e^{-x}$ の点 $\left(1, \ \frac{1}{e} \right)$ における接線.

(2) 曲線 $y = \sqrt{x-1}$ の接線で, 原点を通るもの.

(3) 曲線 $y = x^4 - 2x^3$ の接線で, 点 $(2, 0)$ を通るもの.

54

 増減と極値

---

(1) 次の関数の増減を調べよ.

  (i) $y=e^x+e^{-x}$.   (ii) $y=x\log x$.

  (iii) $y=2x+\cos x$.

(2) 関数 $f(x)=a\log(x^2+1)-x$ が極値をもつような実数 a の値の範囲を求めよ.

基本事項

  $f'(x)>0$ である区間では, $f(x)$ は増加する.

  $f'(x)<0$ である区間では, $f(x)$ は減少する.

  $f(x)$ が $x=a$ の前後で増加から減少に移るとき, $f(x)$ は $x=a$ で極大となるといい, $f(a)$ を極大値という.

  $f(x)$ が $x=a$ の前後で減少から増加に移るとき, $f(x)$ は $x=a$ で極小となるといい, $f(a)$ を極小値という.

  極大値と極小値をまとめて極値という.

---

(1)(i) $y'=e^x-e^{-x}$ であり, $y'=0$ のとき,
$$e^x-e^{-x}=0.$$

これを解いて,
$$e^{2x}=1 \text{ より, } x=0.$$

y の増減は次のようになる.

x	$\cdots$	0	$\cdots$
y'	$-$	0	$+$
y	$\searrow$	2	$\nearrow$

(ii) y の定義域は, $x>0$.

$y'=\log x+x\cdot\dfrac{1}{x}$ であり, $y'=0$ のとき,
$$\log x+1=0.$$

これを解いて,

$$\log x = -1 \text{ より, } x = \frac{1}{e}.$$

y の増減は次のようになる.

x	(0)	$\cdots$	$\dfrac{1}{e}$	$\cdots$
y'		$-$	0	$+$
y		$\searrow$	$-\dfrac{1}{e}$	$\nearrow$

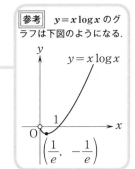

参考 $y = x \log x$ のグラフは下図のようになる.

$y = x \log x$

$\left(\dfrac{1}{e}, \ -\dfrac{1}{e} \right)$

(iii) $y' = 2 - \sin x$ であり, すべての実数 x に対して,

$$y' > 0.$$

よって, y は増加関数である.

(2) $f'(x) = a \cdot 2x \cdot \dfrac{1}{x^2+1} - 1$

$$= \frac{2ax - (x^2+1)}{x^2+1}. \qquad \cdots (*)$$

これの符号が正から負, または, 負から正に変化するような a の値の範囲を求めればよい.

$$((*) \text{の分子}) = -(x-a)^2 + a^2 - 1$$

であり, $((*)$ の分母$)$ は常に正であるから, 求める条件は,

$$a^2 - 1 > 0.$$

これを解いて,

$$\boldsymbol{a < -1, \ 1 < a}.$$

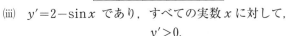

$y = -(x-a)^2 + a^2 + 1$
が

(a, a^2-1)

a

となればよい.

解説

増減表のかき方, また極値の考え方については, 数学Ⅱの微分法と特に違いはない. ただし, (1)(ii)のように, 定義域が実数全体とはならない場合があるので, 気をつけよう.

解いてみよう㉒   答えは別冊11ページへ

次の関数の増減を調べよ.

(1) $y = \log(1 + x^2)$.

(2) $y = \dfrac{x^2}{x+1}$.

最大値と最小値

関数 $f(x)=e^{-\sqrt{3}\,x}\sin x\ (0\leqq x\leqq 4\pi)$ の最大値，最小値と，そのときの x の値を求めよ．

増減表を利用して，連続関数の，ある区間での最大値，最小値を求めることができる．最大値の候補は，極大値および区間の両端での関数値，最小値の候補は，極小値および区間の両端での関数値．

解答

$$f'(x)=-\sqrt{3}\,e^{-\sqrt{3}\,x}\sin x+e^{-\sqrt{3}\,x}\cos x$$
$$=e^{-\sqrt{3}\,x}(-\sqrt{3}\,\sin x+\cos x)$$
$$=2e^{-\sqrt{3}\,x}\sin\left(x+\frac{5}{6}\pi\right).$$

よって，$0<x<4\pi$ の範囲で，$f'(x)=0$ となるのは，

$$x=\frac{1}{6}\pi,\ \frac{7}{6}\pi,\ \frac{13}{6}\pi,\ \frac{19}{6}\pi$$

のときであり，$f(x)$ の増減は次のようになる．

x	0	$\cdots$	$\frac{1}{6}\pi$	$\cdots$	$\frac{7}{6}\pi$	$\cdots$	$\frac{13}{6}\pi$	$\cdots$	$\frac{19}{6}\pi$	$\cdots$	4π
$f'(x)$		+	0	−	0	+	0	−	0	+	
$f(x)$		↗		↘		↗		↘		↗	

ここで，$f(0)=f(4\pi)=0$,
$$f\left(\frac{1}{6}\pi\right)=\frac{1}{2}e^{-\frac{\sqrt{3}}{6}\pi},$$
$$f\left(\frac{7}{6}\pi\right)=-\frac{1}{2}e^{-\frac{7}{6}\sqrt{3}\,\pi},$$
$$f\left(\frac{13}{6}\pi\right)=\frac{1}{2}e^{-\frac{13}{6}\sqrt{3}\,\pi},$$
$$f\left(\frac{19}{6}\pi\right)=-\frac{1}{2}e^{-\frac{19}{6}\sqrt{3}\,\pi}$$

であり，$f(0)$, $f\left(\dfrac{1}{6}\pi\right)$, $f\left(\dfrac{13}{6}\pi\right)$, $f(4\pi)$ のうち最も大きいものは

$$f\left(\dfrac{1}{6}\pi\right)=\dfrac{1}{2}e^{-\frac{\sqrt{3}}{6}\pi},$$

$f(0)$, $f\left(\dfrac{7}{6}\pi\right)$, $f\left(\dfrac{19}{6}\pi\right)$, $f(4\pi)$ のうち最も小さいものは

$$f\left(\dfrac{7}{6}\pi\right)=-\dfrac{1}{2}e^{-\frac{7}{6}\sqrt{3}\,\pi}$$

であるから，

最大値は $\dfrac{1}{2}e^{-\frac{\sqrt{3}}{6}\pi}$，そのときの x の値は $\boldsymbol{x=\dfrac{1}{6}\pi}$,

最小値は $-\dfrac{1}{2}e^{-\frac{7}{6}\sqrt{3}\,\pi}$，そのときの x の値は $\boldsymbol{x=\dfrac{7}{6}\pi}$.

解説

　最大値，最小値を求めるには，増減表をかいて考えればよい．なお，本問では，増減表をかくために，$f'(x)$ を，三角関数の合成を用いて変形した．

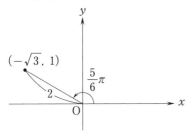

$$\begin{cases} -\sqrt{3}=2\cos\dfrac{5}{6}\pi, \\ 1=2\sin\dfrac{5}{6}\pi \end{cases} \text{より，}$$

$$-\sqrt{3}\,\sin x+\cos x=2\cos\dfrac{5}{6}\pi\sin x+2\sin\dfrac{5}{6}\pi\cos x$$
$$=2\sin\left(x+\dfrac{5}{6}\pi\right).$$

解いてみよう㉓　　答えは別冊 11 ページへ

　次の関数の最大値，最小値を求めよ．

(1)　$f(x)=x+2\sqrt{1-x^2}$.　　　　(2)　$f(x)=\dfrac{\sin x}{2-\cos 2x}$　$(0\le x\le 2\pi)$.

グラフの概形

次の関数について，増減と凹凸を調べて，そのグラフの概形をかけ.

(1) $y=3x^4-4x^3$.　　　　　　　　(2) $y=xe^x$.

基本事項

$f''(x)>0$ である区間では，$y=f(x)$ のグラフは下に凸.

$f''(x)<0$ である区間では，$y=f(x)$ のグラフは上に凸.

上に凸から下に凸，下に凸から上に凸に移る点を変曲点という.

(1)
$$y'=12x^3-12x^2$$
$$=12x^2(x-1),$$
$$y''=36x^2-24x$$
$$=36x\left(x-\frac{2}{3}\right)$$

であるから，増減，凹凸は次のようになる.

x	$\cdots$	0	$\cdots$	$\dfrac{2}{3}$	$\cdots$	1	$\cdots$
y'	$-$	0	$-$		$-$	0	$+$
y''	$+$	0	$-$	0	$+$		$+$
y	$\searrow$	0	$\searrow$	$-\dfrac{16}{27}$	$\searrow$	-1	$\nearrow$

グラフの概形は右図の通り.

(2)
$$y'=e^x+xe^x$$
$$=(x+1)e^x,$$
$$y''=e^x+(x+1)e^x$$
$$=(x+2)e^x$$

であるから，増減，凹凸は次のようになる.

x	$\cdots$	-2	$\cdots$	-1	$\cdots$
y'	$-$		$-$	0	$+$
y''	$-$	0	$+$		$+$
y	$\searrow$	$-\dfrac{2}{e^2}$	$\searrow$	$-\dfrac{1}{e}$	$\nearrow$

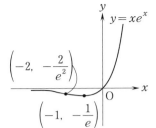

グラフの概形は右図の通り.

解説

$f(x)$ の導関数 $f'(x)$ をさらに x で微分したものを, $f(x)$ の**第2次導関数**といい, $f''(x)$ とかく.

導関数 $f'(x)$ の値 (微分係数) は接線の傾きを表しているので, $f''(x)$ の符号により,

接線の傾きが増加しているか ($y=f(x)$ のグラフは下に凸),

接線の傾きが減少しているか ($y=f(x)$ のグラフは上に凸)

を判断することができる.

増減, 凹凸を表す表の, y の欄の矢印は, 次のように考えてかくとよい.

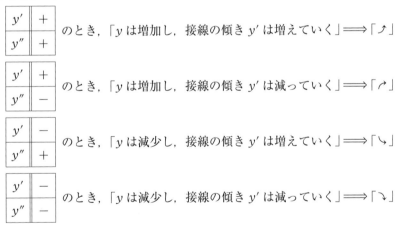

y'	$+$
y''	$+$

のとき, 「y は増加し, 接線の傾き y' は増えていく」$\Longrightarrow$「$\nearrow$」

y'	$+$
y''	$-$

のとき, 「y は増加し, 接線の傾き y' は減っていく」$\Longrightarrow$「$\curvearrowright$」

y'	$-$
y''	$+$

のとき, 「y は減少し, 接線の傾き y' は増えていく」$\Longrightarrow$「$\searrow$」

y'	$-$
y''	$-$

のとき, 「y は減少し, 接線の傾き y' は減っていく」$\Longrightarrow$「$\searrow$」

解いてみよう㉔ 答えは別冊12ページへ

次の関数について, 増減と凹凸を調べて, そのグラフの概形をかけ.

(1) $y=x+2\sin x$ $(0\leqq x\leqq 2\pi)$.

(2) $y=e^{-x^2}$.

方程式，不等式への応用

> (1) 不等式 $e^x \geqq 1 + x$ を証明せよ．
>
> (2) x の方程式 $x \log x = a$ の実数解の個数を調べよ．ただし，
>
> $\displaystyle \lim_{x \to +0} x \log x = 0$ であることを利用してよい．

基本事項

　微分法，特に増減表を用いて，不等式を証明したり，方程式の実数解のようすを調べたりすることができる．

　不等式への応用：$p(x) \geqq q(x) \iff p(x) - q(x) \geqq 0$ であるから，
　$p(x) - q(x)$ の増減を調べればよい．

　方程式への応用：方程式 $f(x) = a$ の実数解は，$y = f(x)$ のグラフと
　直線 $y = a$ の共有点の x 座標であることを利用する．

解答

(1) $f(x) = e^x - (1 + x)$ とおく．

　$f'(x) = e^x - 1$ であり，$e^x - 1 = 0$ を解くと $x = 0$ となることから，$f(x)$ の増減は右のようになる．

　表から，任意の実数 x に対して $f(x) \geqq 0$ が成り立つ．

　よって，$e^x - (1 + x) \geqq 0$ であり，

$$e^x \geqq 1 + x.$$

x	$\cdots$	0	$\cdots$
$f'(x)$	$-$	0	$+$
$f(x)$	$\searrow$	0	$\nearrow$

(2) $x \log x = a$ の実数解は，曲線 $y = x \log x$ と直線 $y = a$ の共有点の x 座標である．

　$f(x) = x \log x$ とおき，$y = f(x)$ のグラフの概形を調べる．

　$f(x)$ の定義域は，$x > 0$．

　$f'(x) = \log x + x \cdot \dfrac{1}{x} = \log x + 1$ であり，$\log x + 1 = 0$ を解くと $x = \dfrac{1}{e}$ となる

ことから，$f(x)$ の増減は次のようになる．

x	(0)	$\cdots$	$\dfrac{1}{e}$	$\cdots$
$f'(x)$		$-$	0	$+$
$f(x)$		$\searrow$	$-\dfrac{1}{e}$	$\nearrow$

$\lim\limits_{x \to +0} f(x) = 0$，$\lim\limits_{x \to \infty} f(x) = \infty$　であるから，$y = f(x)$ のグ

ラフの概形は次のようになる.

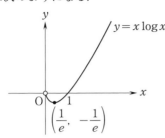

$\lim f(x)$
$= \lim\limits_{x \to +0} x \log x$
$= 0$（問題文），
$\lim\limits_{x \to \infty} f(x)$
$= \lim\limits_{x \to \infty} x \log x$
$= \infty.$

このグラフと直線 $y = a$ の共有点の個数を考えて，求める実数解の個数は，

$$a < -\frac{1}{e} \text{ のとき 0 個,}$$

$$a = -\frac{1}{e} \text{ のとき 1 個,}$$

$$-\frac{1}{e} < a < 0 \text{ のとき 2 個,}$$

$$a \geqq 0 \text{ のとき 1 個.}$$

（解説）

増減表により，(1)の不等式で等号が成立するのは $x = 0$ の場合に限ることがわかる.

方程式への応用では，解の個数だけでなく，解の存在範囲についても調べることができる.　(2)の実数解は，

$$-\frac{1}{e} \leqq a < 0 \text{ のとき，} 0 < x < 1,$$

$$a \geqq 0 \text{ のとき，} x \geqq 1$$

をみたすことがグラフからよみとれる.

解いてみよう㉕　答えは別冊13ページへ

(1)　$x > 0$ のとき，不等式

$$\cos x > 1 - \frac{x^2}{2}$$

が成り立つことを証明せよ.

(2)　x の方程式 $e^x = ax$ の実数解の個数を調べよ. ただし，$\lim\limits_{x \to \infty} \dfrac{e^x}{x} = \infty$ であることを利用してよい.

変化する量と変化率

2点 P$(p, 0)$, Q$(0, q)$ があり，PQ=5 をみたしている．ただし，$p \geqq 0$, $q \geqq 0$ とする．

P が x 軸上を $(0, 0)$ から $(5, 0)$ まで毎秒 2 の速さで動く．P が $(3, 0)$ を通過する瞬間の，点 Q の速度を求めよ．

基本事項

数直線上を点 A が動き，時刻 t における座標 x が
$$x = f(t)$$
で表されるとき，点 A の速度 v は，
$$v = f'(t),$$
点 A の加速度 α は，
$$\alpha = f''(t).$$
なお，点 A の速さは，$|v|$ である．

P が $(0, 0)$ を出発してから t 秒後には，$p = 2t$.
PQ=5, $q \geqq 0$ より，
$$p^2 + q^2 = 25, \quad q \geqq 0$$
であるから，
$$\begin{aligned} q &= \sqrt{25 - p^2} \\ &= \sqrt{25 - (2t)^2} \\ &= \sqrt{25 - 4t^2}. \end{aligned}$$
点 Q の速度は，
$$\begin{aligned} \frac{dq}{dt} &= -8t \cdot \frac{1}{2\sqrt{25 - 4t^2}} \\ &= \frac{-4t}{\sqrt{25 - 4t^2}}. \end{aligned}$$

合成関数の微分法．

ここで，P が $(3, 0)$ を通過する時刻は，$t = \dfrac{3}{2}$ であるから，

求める点 Q の速度は，

$$\frac{-4 \cdot \frac{3}{2}}{\sqrt{25-4\left(\frac{3}{2}\right)^2}} = -\frac{3}{2}.$$

（ただし，y 軸の正の向きを＋とした.）

解説

数直線上を動く点の速度，加速度は，座標を時刻 t の式で表せば求めることができる.

なお，次のように，陰関数の微分を用いて解くこともできる.

PQ＝5 より，

$$p^2+q^2=25. \quad \cdots ①$$

両辺を時刻 t で微分すると，

$$2p\frac{dp}{dt}+2q\frac{dq}{dt}=0. \quad \cdots ②$$

P が $(3, 0)$ を通過する瞬間，$p=3$ であり，① および $q\geqq0$ を用いると，$q=4$.

さらに，$\frac{dp}{dt}=2$ であるから，これらを ② に代入して，　← P の速度は 2.

$$2 \cdot 3 \cdot 2+2 \cdot 4\frac{dq}{dt}=0.$$

よって，求める Q の速度は，

$$\frac{dq}{dt}=-\frac{3}{2}.$$

解いてみよう㉖　答えは別冊13ページへ

数直線上を動く点 P の座標は，時刻 t において $3\cos2t$ であるという.

(1) P の速度，加速度を t を用いて表せ.

(2) 加速度が3のときの点 P の速さを求めよ.

第3章 テスト対策問題

1 次の $f(x)$ について，$f'(x)$ および $f''(x)$ を求めよ．

(1) $f(x) = x\sin x + \cos x$

(2) $f(x) = \log(\sin x)$

(3) $f(x) = e^{-x}\cos x$

(4) $f(x) = \dfrac{x}{1+e^x}$

2 曲線 $y = \log(1+x)$ の接線で，次の各条件をみたすものの方程式をそれぞれ求めよ．

(1) 点 $(0, 0)$ における接線．

(2) 傾きが 2 である接線．

(3) 点 $(-1, 0)$ を通る直線．

3 関数

$$f(x) = e^{2x} - 6e^x + 4x$$

について，次の問に答えよ．

(1) $f(x)$ の増減を調べ，極値を求めよ．

(2) 方程式 $f(x) = 0$ はただ1つの実数解をもつことを示せ．

また，その実数解を α とするとき，α の整数部分を求めよ．

ただし，$2 < e < 3$ であることは用いてよい．

4 k を定数として，不等式

$$\cos x \geq 1 - kx^2 \quad \cdots (*)$$

を考える．

(1) $k = \dfrac{1}{2}$ のとき，$(*)$ はすべての実数 x に対して成り立つことを示せ．

(2) $k = \dfrac{1}{3}$ のとき，$(*)$ が成り立たない実数 x が存在することを示せ．

答えは別冊 14〜16 ページ

積分法 数学Ⅲ

学習テーマ		学習時間	はじめる プラン	じっくり プラン	おさらい プラン
㉗	原始関数, x^a の不定積分	15分	1日目	1日目	1日目
㉘	不定積分の公式	12分		2日目	
㉙	定積分	12分	2日目		
㉚	部分積分法（不定積分）	15分		3日目	2日目
㉛	部分積分法（定積分）	15分	3日目	4日目	
㉜	定番の部分積分	16分		5日目	3日目
㉝	置換積分法（不定積分）	24分	4日目	6日目	
㉞	置換積分法（定積分）	15分	5日目	7日目	4日目
㉟	定番の置換積分	20分		8日目	
㊱	積分計算の準備	16分	6日目	9日目	5日目
㊲	定積分で表された関数	16分		10日目	
㊳	面積	15分	7日目	11日目	6日目
㊴	定積分と不等式	12分			
㊵	区分求積法	16分	8日目	12日目	
㊶	体積	16分	9日目	13日目	7日目
㊷	体積（回転体）	16分		14日目	

原始関数，x^a の不定積分

次の不定積分を計算せよ．

(1) $\displaystyle\int x^4\,dx.$

(2) $\displaystyle\int \sqrt{x}\,dx.$

(3) $\displaystyle\int\left(4x^{\frac{1}{3}}+6x\right)dx.$

(4) $\displaystyle\int \dfrac{\sqrt{x}+x^3}{x}\,dx.$

(5) $\displaystyle\int \dfrac{(\sqrt{x}+1)^2}{x}\,dx.$

基本事項

導関数が $f(x)$ となるような関数を $f(x)$ の **原始関数** という．$F(x)$ が $f(x)$ の原始関数の 1 つであるとき，$f(x)$ の原始関数全体は，$F(x)+C$（C は任意の定数）と表される．これを $f(x)$ の **不定積分** といい，

$$\int f(x)\,dx$$

で表す．また，この C を積分定数という．

$f(x)$ の不定積分を求めることを，$f(x)$ を積分するという．

$$\int f(x)\,dx = F(x)+C \iff F'(x)=f(x).$$

（C は積分定数）

$$\int x^a\,dx = \begin{cases} \dfrac{1}{a+1}x^{a+1}+C & (C\ \text{は積分定数})\quad (a\neq-1\ \text{のとき}), \\[2mm] \log|x|+C & (C\ \text{は積分定数})\quad (a=-1\ \text{のとき}). \end{cases}$$

 解答

(1) $\displaystyle\int x^4\,dx = \dfrac{1}{5}\boldsymbol{x}^5 + C$　（C は積分定数）．

(2) $\displaystyle\int \sqrt{x}\,dx = \int x^{\frac{1}{2}}\,dx = \dfrac{2}{3}\boldsymbol{x}^{\frac{3}{2}}+C$　（C は積分定数）．

(3) $\displaystyle\int\left(4x^{\frac{1}{3}}+6x\right)dx = 3\boldsymbol{x}^{\frac{4}{3}}+3\boldsymbol{x}^2+C$　（C は積分定数）．

(4) $\displaystyle\int \dfrac{\sqrt{x}+x^3}{x}\,dx = \int\left(x^{-\frac{1}{2}}+x^2\right)dx$

$$=2x^{\frac{1}{2}}+\frac{1}{3}x^3+C \quad (C \text{ は積分定数}).$$

(5) $\displaystyle \int \frac{(\sqrt{x}+1)^2}{x}\,dx = \int \frac{x+2\sqrt{x}+1}{x}\,dx$

$$=\int \left(1+2x^{-\frac{1}{2}}+x^{-1}\right)dx$$

$$=x+4x^{\frac{1}{2}}+\log|x|+C$$

$$(C \text{ は積分定数}).$$

解説

　不定積分は，微分の逆計算であり，微分した結果の式から微分する前の式を推理することである．積分するときは，微分の何に対応するかを意識して計算を進めるとよい．

$$(x^a)'=ax^{a-1} \iff \int ax^{a-1}\,dx=x^a+C \quad (C \text{ は積分定数}),$$

$$(\log|x|)'=\frac{1}{x} \iff \int \frac{1}{x}\,dx=\log|x|+C \quad (C \text{ は積分定数}).$$

また，不定積分では，**係数は後で考える**のが有効である．

例えば，(2)で，$\displaystyle \int x^{\frac{1}{2}}\,dx$ については，

① 　微分して指数が 1 減ったはずなので，元は $x^{\frac{3}{2}}$

② 　$x^{\frac{3}{2}}$ を微分すると係数に $\dfrac{3}{2}$ がついてしまうから，調整

の順に考えるのがよい． ←

> $\dfrac{2}{3}x^{\frac{3}{2}}$ としておけば，
> 微分すると
> $$\frac{2}{3}\cdot\frac{3}{2}x^{\frac{1}{2}}=x^{\frac{1}{2}}$$
> となる．

解いてみよう㉗　答えは別冊 16 ページへ

　次の不定積分を求めよ．

(1) $\displaystyle \int x^\pi\,dx.$

(2) $\displaystyle \int \left(2-\frac{1}{x}\right)^2\,dx.$

(3) $\displaystyle \int (x+1)^2\sqrt{x}\,dx.$

不定積分の公式

次の不定積分を計算せよ.

(1) $\displaystyle\int 2\sin x\, dx.$　　　　(2) $\displaystyle\int (2-\tan x)\cos x\, dx.$

(3) $\displaystyle\int \frac{1}{1+\cos 2x}\, dx.$　　　(4) $\displaystyle\int e^{-x}\, dx.$

基本事項

$\displaystyle\int \sin x\, dx = -\cos x + C$ 　（C は積分定数）.

$\displaystyle\int \cos x\, dx = \sin x + C$ 　（C は積分定数）.

$\displaystyle\int \frac{1}{\cos^2 x}\, dx = \tan x + C$ 　（C は積分定数）.

$\displaystyle\int e^x\, dx = e^x + C$ 　（C は積分定数）.

$\displaystyle\int a^x\, dx = \frac{1}{\log a}a^x + C$ 　（C は積分定数）　（$a>0,\ a\neq 1$）.

(1) $\displaystyle\int 2\sin x\, dx = -2\cos x + C$ 　（**C は積分定数**）.

(2) $\displaystyle\int (2-\tan x)\cos x\, dx = \int (2\cos x - \sin x)\, dx$

$\qquad\qquad\qquad\qquad = 2\sin x + \cos x + C$ 　（**C は積分定数**）.

(3) $\displaystyle\int \frac{1}{1+\cos 2x}\, dx = \int \frac{1}{2\cos^2 x}\, dx$ 　　　　$\boxed{\cos 2x = 2\cos^2 x - 1.}$

$\qquad\qquad\qquad\qquad = \frac{1}{2}\tan x + C$ 　（**C は積分定数**）.

(4) $\displaystyle\int e^{-x}\, dx = -e^{-x} + C$ 　（**C は積分定数**）.

解説

不定積分は微分する前の式が何であったかを推理することだから，例えば
$(\sin^3 x \cos^4 x)' = 3\sin^2 x \cos^5 x - 4\sin^4 x \cos^3 x$ であること **⑳ 微分計算のまとめ**

(5) を前提とすれば,

$$\int (3\sin^2 x \cos^5 x - 4\sin^4 x \cos^3 x)\,dx = \sin^3 x \cos^4 x + C \quad (C \text{ は積分定数})$$

であることはすぐにわかる.

だが,「$3\sin^2 x \cos^5 x - 4\sin^4 x \cos^3 x$」という式からすぐに $\sin^3 x \cos^4 x$ を思いつけるものではないので, まずは基本となる積分の公式をおさえておこう.

$$(\sin x)' = \cos x \iff \int \cos x\,dx = \sin x + C \quad (C \text{ は積分定数}),$$

$$(\cos x)' = -\sin x \iff \int (-\sin x)\,dx = \cos x + C \quad (C \text{ は積分定数}),$$

$$(\tan x)' = \frac{1}{\cos^2 x} \iff \int \frac{1}{\cos^2 x}\,dx = \tan x + C \quad (C \text{ は積分定数}),$$

$$(e^x)' = e^x \iff \int e^x\,dx = e^x + C \quad (C \text{ は積分定数}),$$

$$(a^x)' = a^x \log a \iff \int a^x \log a\,dx = a^x + C \quad (C \text{ は積分定数}).$$

これらと, 前項でも紹介した「係数は後で考える」を活用すれば, 積分法の公式は理解してしまうことができる.

なお, ⑳ **微分計算のまとめ** (8) の結果から, $(x\log x - x)' = \log x$ より,

$$\int \log x\,dx = x\log x - x + C \quad (C \text{ は積分定数})$$

であることがわかる. $\int \log x\,dx$ は後で学ぶ部分積分法を用いて求めることができるが, この結果は公式に準じるものとして知っておくのがよいだろう.

本項の問題については, (1), (2) は問題ないであろう. (3) は, 分母 $1 + \cos 2x$ を変形すれば解決する.

(4) は, e^k の形の式が, 微分しても係数以外は変わらないことを用いて, 次のようにすればよい.

$$(e^{-x})' = -e^{-x} \text{ より,} \quad (-e^{-x})' = e^{-x}.$$

よって, $\displaystyle \int e^{-x}\,dx = -e^{-x} + C \quad (C \text{ は積分定数}).$

解いてみよう㉘　答えは別冊 16 ページへ

次の不定積分を求めよ.

(1) $\displaystyle \int 2^x(3^x - 4^x)\,dx.$　　　　(2) $\displaystyle \int \tan^2 x\,dx.$

(3) $\displaystyle \int 2\sin\left(x + \frac{\pi}{6}\right)dx.$

㉙ 定積分

次の定積分を求めよ.

(1) $\displaystyle\int_0^{\frac{\pi}{2}} 2\sin x\, dx.$

(2) $\displaystyle\int_{-\frac{\pi}{4}}^{\frac{\pi}{4}} (2-\tan x)\cos x\, dx.$

(3) $\displaystyle\int_{\frac{\pi}{3}}^0 \frac{1}{1+\cos 2x}\, dx.$

(4) $\displaystyle\int_2^1 e^{-x}\, dx + \int_1^3 e^{-x}\, dx.$

基本事項

$F(x)$ が $f(x)$ の原始関数の 1 つであるとき,

$$\int_\alpha^\beta f(x)\, dx = \Big[F(x) \Big]_\alpha^\beta = F(\beta) - F(\alpha).$$

解答

(1) $\displaystyle\int_0^{\frac{\pi}{2}} 2\sin x\, dx = \Big[-2\cos x \Big]_0^{\frac{\pi}{2}} = -2\cos\frac{\pi}{2} - (-2\cos 0) = \boldsymbol{2}.$

> 原始関数については
> 前項を参照. 以下同じ.

(2) $\displaystyle\int_{-\frac{\pi}{4}}^{\frac{\pi}{4}} (2-\tan x)\cos x\, dx = \int_{-\frac{\pi}{4}}^{\frac{\pi}{4}} (2\cos x - \sin x)\, dx$

$$= \Big[2\sin x + \cos x \Big]_{-\frac{\pi}{4}}^{\frac{\pi}{4}}$$

$$= \left(2\sin\frac{\pi}{4} + \cos\frac{\pi}{4} \right) - \left\{ 2\sin\left(-\frac{\pi}{4}\right) + \cos\left(-\frac{\pi}{4}\right) \right\}$$

$$= \left(\sqrt{2} + \frac{\sqrt{2}}{2} \right) - \left(-\sqrt{2} + \frac{\sqrt{2}}{2} \right)$$

$$= \boldsymbol{2\sqrt{2}}.$$

(3) $\displaystyle\int_{\frac{\pi}{3}}^0 \frac{1}{1+\cos 2x}\, dx = \int_{\frac{\pi}{3}}^0 \frac{1}{2\cos^2 x}\, dx$

$$= \left[\frac{1}{2}\tan x \right]_{\frac{\pi}{3}}^0 = \frac{1}{2}\tan 0 - \frac{1}{2}\tan\frac{\pi}{3}$$

$$= 0 - \frac{\sqrt{3}}{2} = \boldsymbol{-\frac{\sqrt{3}}{2}}.$$

(4) $\displaystyle\int_2^1 e^{-x}\, dx + \int_1^3 e^{-x}\, dx = \Big[-e^{-x} \Big]_2^1 + \Big[-e^{-x} \Big]_1^3$

$$= -e^{-1} - (-e^{-2}) + (-e^{-3}) - (-e^{-1})$$
$$= e^{-2} - e^{-3}.$$

解説

不定積分の結果には，積分定数 C が現れる．つまり，原始関数は1つには定まらない．（だから「不定」積分という）

だが，2つの x の値に対する原始関数の値の差は，積分定数の値によらない．

$$\{F(\beta) + C_1\} - \{F(\alpha) + C_1\} = \{F(\beta) + C_2\} - \{F(\alpha) + C_2\}$$
$$= F(\beta) - F(\alpha).$$

この差を定積分といい，

$$\int_{\alpha}^{\beta} f(x)\,dx$$

で表す．

定積分は，その定義から，次のような性質をもつ．

$$\int_{\alpha}^{\alpha} f(x)\,dx = 0,$$

$$\int_{\alpha}^{\beta} f(x)\,dx + \int_{\beta}^{\gamma} f(x)\,dx = \int_{\alpha}^{\gamma} f(x)\,dx \quad \text{((4) を参考にすること)},$$

$$\int_{\beta}^{\alpha} f(x)\,dx = -\int_{\beta}^{\alpha} f(x)\,dx.$$

また，偶関数 $f(x)$，奇関数 $g(x)$ については，次の性質がある．

$$\int_{-\alpha}^{\alpha} f(x)\,dx = 2\int_{0}^{\alpha} f(x)\,dx, \quad \int_{-\alpha}^{\alpha} g(x)\,dx = 0$$

(2) については，この性質を利用して，次のようにしてもよい．

$$\int_{-\frac{\pi}{4}}^{\frac{\pi}{4}} (2 - \tan x)\cos x\,dx = \int_{-\frac{\pi}{4}}^{\frac{\pi}{4}} (2\cos x - \sin x)\,dx$$

$$= \int_{-\frac{\pi}{4}}^{\frac{\pi}{4}} 2\cos x\,dx - \int_{-\frac{\pi}{4}}^{\frac{\pi}{4}} \sin x\,dx$$

$$= 2\int_{0}^{\frac{\pi}{4}} 2\cos x\,dx - 0 = 2\Big[2\sin x\Big]_{0}^{\frac{\pi}{4}}$$

$$= 2\Big(2 \cdot \frac{\sqrt{2}}{2} - 2 \cdot 0\Big) = 2\sqrt{2}.$$

> $f(x) = f(-x)$ をみたす関数を偶関数という．
> (例)　$x^{(偶数)}$,
> 　　　$\cos x$.
> $f(x) = -f(-x)$ をみたす関数を奇関数という．
> (例)　$x^{(奇数)}$,
> 　　　$\sin x$,
> 　　　$\tan x$.

解いてみよう㉙　答えは別冊 16 ページへ

次の定積分を求めよ．

(1)　$\displaystyle\int_{0}^{\frac{\pi}{3}} \cos x\,dx.$

(2)　$\displaystyle\int_{0}^{\frac{\pi}{4}} \tan^2 x\,dx.$

(3)　$\displaystyle\int_{0}^{1} 2^x\,dx.$

部分積分法（不定積分）

次の不定積分を求めよ.

(1) $\displaystyle\int x\cos x\,dx.$

(2) $\displaystyle\int \log x\,dx.$

(3) $\displaystyle\int x\log x\,dx.$

基本事項

$$\int f(x)g'(x)\,dx = f(x)g(x) - \int f'(x)g(x)\,dx.$$

解答

(1) $\displaystyle\int x\cos x\,dx = \int x(\sin x)'\,dx$

$\qquad = x\sin x - \displaystyle\int (x)'\sin x\,dx = x\sin x - \int \sin x\,dx$

$\qquad = \boldsymbol{x\sin x + \cos x + C}$ （C は積分定数）.

(2) $\displaystyle\int \log x\,dx = \int (x)'\log x\,dx$

$\qquad = x\log x - \displaystyle\int x(\log x)'\,dx = x\log x - \int x\cdot\frac{1}{x}\,dx$

$\qquad = x\log x - \displaystyle\int 1\,dx = \boldsymbol{x\log x - x + C}$ （C は積分定数）.

(3) $\displaystyle\int x\log x\,dx = \int \left(\frac{1}{2}x^2\right)'\log x\,dx$

$\qquad = \dfrac{1}{2}x^2\log x - \displaystyle\int \frac{1}{2}x^2(\log x)'\,dx$

$\qquad = \dfrac{1}{2}x^2\log x - \displaystyle\int \frac{1}{2}x^2\cdot\frac{1}{x}\,dx = \frac{1}{2}x^2\log x - \int \frac{1}{2}x\,dx$

$\qquad = \boldsymbol{\dfrac{1}{2}x^2\log x - \dfrac{1}{4}x^2 + C}$ （C は積分定数）.

解説

部分積分法は, 積の微分法に対応する.

$$\{f(x)g(x)\}' = f'(x)g(x) + f(x)g'(x)$$

より,

$$\int \{f'(x)g(x)+f(x)g'(x)\}\,dx = f(x)g(x)+C.$$

つまり,

$$\int f'(x)g(x)\,dx + \int f(x)g'(x)\,dx = f(x)g(x)+C$$

であるから,

$$\int f(x)g'(x)\,dx = f(x)g(x) - \int f'(x)g(x)\,dx.$$

両辺に不定積分があるので,C はいらない.

ここで,部分積分法はどういうときにどのように使えばいいかを整理しておこう.

部分積分法を用いると,$\displaystyle\int f(x)g'(x)\,dx$ を積分するかわりに $\displaystyle\int f'(x)g(x)\,dx$ を積分することになる.

$\displaystyle\int f'(x)g(x)\,dx$ の計算が $\displaystyle\int f(x)g'(x)\,dx$ の計算よりもやっかいになってしまっては意味がない.

ということで,部分積分法を用いるのは,次の2つの場合に限定して考えてよい.

① **被積分関数に $\log x$ があるとき.**

$f(x)=\log x$ とすれば,$f'(x)=\dfrac{1}{x}$ であるから,対数関数を避けることができて,積分計算が楽になる.

$\log x$ を微分する.

② **被積分関数に整式があるとき.**

$f(x)=(整式)$ とすれば,$f'(x)$ は $f(x)$ よりも次数が下がるので,積分計算が楽になることがある.

整式を微分する.

(1)は②の例,(2)は①の例である.また,(3)は①,②の両方にあてはまるが,このような場合は,①に従って,$f(x)=\log x$ とおけばよい.

解いてみよう㉚ 答えは別冊17ページへ

次の不定積分を求めよ.

(1) $\displaystyle\int x\sin x\,dx.$

(2) $\displaystyle\int x^2\sin x\,dx.$

(3) $\displaystyle\int \sqrt{x}\log x\,dx.$

部分積分法（定積分）

次の定積分を求めよ.

(1) $\displaystyle\int_0^\pi x\cos x\,dx.$

(2) $\displaystyle\int_1^e \log x\,dx.$

(3) $\displaystyle\int_2^3 x\log x\,dx.$

基本事項

$$\int_\alpha^\beta f(x)g'(x)\,dx=\Big[f(x)g(x)\Big]_\alpha^\beta-\int_\alpha^\beta f'(x)g(x)\,dx.$$

解答

(1)
$$\begin{aligned}
\int_0^\pi x\cos x\,dx&=\int_0^\pi x\cdot(\sin x)'\,dx\\
&=\Big[x\sin x\Big]_0^\pi-\int_0^\pi \sin x\,dx\\
&=\pi\sin\pi-0\sin 0-\Big[-\cos x\Big]_0^\pi\\
&=\cos\pi-\cos 0\\
&=-2.
\end{aligned}$$

$\sin\pi=0,$
$\sin 0=0.$

(2)
$$\begin{aligned}
\int_1^e \log x\,dx&=\int_1^e (x)'\log x\,dx\\
&=\Big[x\log x\Big]_1^e-\int_1^e x\cdot\frac{1}{x}\,dx\\
&=e\log e-1\log 1-\Big[x\Big]_1^e\\
&=e-0-(e-1)\\
&=1.
\end{aligned}$$

$\log e=1,$
$\log 1=0.$

(3)
$$\begin{aligned}
\int_2^3 x\log x\,dx&=\int_2^3 \left(\frac{1}{2}x^2\right)'\log x\,dx\\
&=\Big[\frac{1}{2}x^2\log x\Big]_2^3-\int_2^3 \frac{1}{2}x^2\cdot\frac{1}{x}\,dx\\
&=\frac{9}{2}\log 3-2\log 2-\Big[\frac{1}{4}x^2\Big]_2^3\\
&=\frac{9}{2}\log 3-2\log 2-\left(\frac{9}{4}-1\right)\\
&=\frac{9}{2}\log 3-2\log 2-\frac{5}{4}.
\end{aligned}$$

$\frac{1}{2}x^2\cdot\frac{1}{x}=\frac{1}{2}x.$

解説

　部分積分法による定積分の計算である.

　前項で学んだ部分積分法（不定積分）を用いると，例えば(1)は次のようにしてもよい.

　「$\displaystyle\int x\cos x\,dx=$（中略．前項を参照のこと）

$$=x\sin x+\cos x+C \quad (C \text{ は積分定数})$$

であるから,

$$\int_0^\pi x\cos x\,dx=\Big[x\sin x+\cos x\Big]_0^\pi \qquad \cdots (*)$$
$$=(\pi\sin\pi+\cos\pi)-(0\sin 0+\cos 0)$$
$$=-2. \,」$$

　しかし，これでは少し面倒なので，定積分の形のままで計算できるように練習しておこう.

　なお，(1)の解答で，$\Big[x\sin x\Big]_0^\pi$ の部分をすぐに計算せず，

$$\Big[x\sin x\Big]_0^\pi-\int_0^\pi \sin x\,dx$$
$$=\Big[x\sin x\Big]_0^\pi-\Big[-\cos x\Big]_0^\pi$$
$$=\Big[x\sin x+\cos x\Big]_0^\pi$$

としてみると，部分積分法（不定積分）を用いた場合(*)と同じことであることが理解できるであろう．(2), (3)についても同様である.

第4章

解いてみよう㉛　答えは別冊17ページへ

　次の定積分を求めよ.

(1) $\displaystyle\int_0^{\frac{\pi}{2}} x\sin x\,dx.$　　　　(2) $\displaystyle\int_1^2 xe^{2x}\,dx.$

(3) $\displaystyle\int_1^4 \frac{\log x}{x^2}\,dx.$

定番の部分積分

次の積分を計算せよ.

(1) $\displaystyle\int e^x \sin x\, dx.$ (2) $\displaystyle\int_0^\pi e^x \sin x\, dx.$

基本事項

$\displaystyle\int (指数関数)(三角関数)\, dx$ は, 部分積分法を2回用いる.

解答

(1) $\displaystyle\int e^x \sin x\, dx = \int (e^x)' \sin x\, dx$

$\displaystyle\qquad = e^x \sin x - \int e^x (\sin x)'\, dx$

$\displaystyle\qquad = e^x \sin x - \int e^x \cos x\, dx \quad \cdots (*)$

$\displaystyle\qquad = e^x \sin x - \int (e^x)' \cos x\, dx$

$\displaystyle\qquad = e^x \sin x - \left\{ e^x \cos x - \int e^x (\cos x)'\, dx \right\}$

$\displaystyle\qquad = e^x \sin x - e^x \cos x + \int e^x (-\sin x)\, dx$

$\displaystyle\qquad = e^x \sin x - e^x \cos x - \int e^x \sin x\, dx.$

よって, $2\displaystyle\int e^x \sin x\, dx = e^x \sin x - e^x \cos x + C$ (Cは積

分定数) であり,

$\displaystyle\int e^x \sin x\, dx = \frac{1}{2} e^x (\sin x - \cos x) + C$ (Cは積分定数).

> 積分定数のCは, そこに定数項があってもよいことを表しているだけなので, $\frac{C}{2}$ にする必要はない.

(2) $\displaystyle\int_0^\pi e^x \sin x\, dx = \int_0^\pi (e^x)' \sin x\, dx$

$\displaystyle\qquad = \Big[e^x \sin x \Big]_0^\pi - \int_0^\pi e^x \cos x\, dx$

$\displaystyle\qquad = e^\pi \sin \pi - e^0 \sin 0 - \int_0^\pi (e^x)' \cos x\, dx$

> $\sin \pi = 0,$
> $\sin 0 = 0.$

$\displaystyle\qquad = -\left\{ \Big[e^x \cos x \Big]_0^\pi - \int_0^\pi e^x (-\sin x)\, dx \right\}$

> $(\cos x)' = -\sin x.$

$$= -e^{\pi}\cos\pi + e^{0}\cos 0 - \int_{0}^{\pi} e^{x}\sin x\, dx.$$

cos π = −1,
cos 0 = 1.

よって，$2\displaystyle\int_{0}^{\pi} e^{x}\sin x\, dx = e^{\pi} + 1$ であり，

$$\int_{0}^{\pi} e^{x}\sin x\, dx = \frac{1}{2}(e^{\pi} + 1).$$

解説

　指数関数や三角関数は，微分しても，より単純な式にはならない．対数関数 $\left((\log x)' = \dfrac{1}{x}\right)$ や整式（微分すると次数が下がる）のように，微分してより単純な式となる関数の場合と違って，指数関数や三角関数では，部分積分法を用いても，単独では積分計算は楽にならない．（例えば，解答⑴の(∗)式．なお，**㉚ 部分積分法（不定積分）**の解説を参照）

　ところが，部分積分法を2回用いると，解答のように元と同じ式が別の形で出てきて，積分計算ができてしまう場合がある．本項の問題や**解いてみよう㉜**が代表的な例なので，習得しておこう．

　なお，本項の主題とはややずれるが，次のようにすることもできる．

⑴　$(e^{x}\sin x)' = (e^{x})'\sin x + e^{x}(\sin x)'$

$$\qquad\qquad = e^{x}(\sin x + \cos x). \quad \cdots ①$$

$(e^{x}\cos x)' = (e^{x})'\cos x + e^{x}(\cos x)'$

$$\qquad\qquad = e^{x}(\cos x - \sin x). \quad \cdots ②$$

①−② より，

$$(e^{x}\sin x - e^{x}\cos x)' = 2e^{x}\sin x.$$

よって，

$$\int e^{x}\sin x\, dx = \frac{1}{2}(e^{x}\sin x - e^{x}\cos x) + C \quad （C は積分定数）.$$

⑵　⑴の結果より，

$$\int_{0}^{\pi} e^{x}\sin x\, dx = \left[\frac{1}{2}(e^{x}\sin x - e^{x}\cos x)\right]_{0}^{\pi}$$

$$= \frac{1}{2}(e^{\pi}\sin\pi - e^{\pi}\cos\pi) - \frac{1}{2}(e^{0}\sin 0 - e^{0}\cos 0)$$

$$= \frac{1}{2}(e^{\pi} + 1).$$

解いてみよう㉜　答えは別冊18ページへ

　次の積分を計算せよ．

⑴　$\displaystyle\int e^{-x}\cos x\, dx.$　　　　　　⑵　$\displaystyle\int_{0}^{\frac{\pi}{2}} e^{-x}\cos x\, dx.$

第4章

置換積分法（不定積分）

次の不定積分を求めよ.

(1) $\displaystyle\int (2x-1)^7\,dx.$

(2) $\displaystyle\int x(3x+1)^{\frac{1}{2}}\,dx.$

(3) $\displaystyle\int x\sin x^2\,dx.$

(4) $\displaystyle\int \sin^3 x\,dx.$

(5) $\displaystyle\int \frac{\log x}{x}\,dx.$

(6) $\displaystyle\int \tan x\,dx.$

基本事項

$$\int f(g(x))g'(x)\,dx=\int f(t)\,dt,\quad ただし,\quad t=g(x).$$

$\displaystyle\int f(x)\,dx$ において, $x=g(t)$ とおくと,

$$\int f(x)\,dx=\int f(g(t))\frac{dx}{dt}\,dt=\int f(g(t))g'(t)\,dt.$$

解答

(1) $t=2x-1$ とおくと, $x=\dfrac{1}{2}(t+1),\ \dfrac{dx}{dt}=\dfrac{1}{2}$ であり,

$$\int (2x-1)^7\,dx=\int t^7\cdot\frac{1}{2}\,dt$$

$$=\frac{1}{16}t^8+C$$

$$=\frac{1}{16}(2x-1)^8+C \quad (C は積分定数).$$

(2) $t=3x+1$ とおくと, $x=\dfrac{1}{3}(t-1),\ \dfrac{dx}{dt}=\dfrac{1}{3}$ であり,

$$\int x(3x+1)^{\frac{1}{2}}\,dx=\int \frac{1}{3}(t-1)\,t^{\frac{1}{2}}\cdot\frac{1}{3}\,dt$$

$$=\frac{1}{9}\int\left(t^{\frac{3}{2}}-t^{\frac{1}{2}}\right)dt$$

$$=\frac{1}{9}\left(\frac{2}{5}t^{\frac{5}{2}}-\frac{2}{3}t^{\frac{3}{2}}\right)+C$$

$$=\frac{2}{135}t^{\frac{3}{2}}(3t-5)+C$$

$$=\frac{2}{135}(3x+1)^{\frac{3}{2}}(9x-2)+C$$

$$(C \text{ は積分定数)}.$$

(3) $t=x^2$ とおくと，$t'=2x$ であり，

$$\int x\sin x^2\,dx=\int\sin t\cdot\frac{1}{2}t'\,dx$$

$$=\frac{1}{2}\int\sin t\,dt$$

$$=-\frac{1}{2}\cos t+C$$

$$=-\frac{1}{2}\cos x^2+C \quad (C \text{ は積分定数)}.$$

> t' を $\dfrac{dt}{dx}$ とかくと，「$\dfrac{dt}{dx}dx$」を「dt」にかえていることになる．

(4) $\displaystyle\int\sin^3 x\,dx=\int(1-\cos^2 x)\sin x\,dx.$

　　ここで，$t=\cos x$ とおくと，$t'=-\sin x$ であり，

$$\int(1-\cos^2 x)\sin x\,dx=\int(1-t^2)(-t')\,dx$$

$$=\int(t^2-1)\,dt$$

$$=\frac{1}{3}t^3-t+C$$

$$=\frac{1}{3}\cos^3 x-\cos x+C$$

$$(C \text{ は積分定数)}.$$

> $\sin x$ や $\cos x$ の 奇数乗は，
> $\sin x\times(\cos x\text{の式})$
> または
> $\cos x\times(\sin x\text{の式})$
> の形にかける．

(5) $t=\log x$ とおくと，$t'=\dfrac{1}{x}$ であり，

$$\int\frac{\log x}{x}\,dx=\int t\cdot t'\,dx$$

$$=\int t\,dt$$

$$=\frac{1}{2}t^2+C$$

$$=\frac{1}{2}(\log x)^2+C \quad (C \text{ は積分定数)}.$$

> $\log x$ の式は，$\dfrac{1}{x}$ がついていないかチェック．

(6) $\displaystyle\int\tan x\,dx=\int\frac{\sin x}{\cos x}\,dx.$

　　ここで，$t=\cos x$ とおくと，$t'=-\sin x$ であり，

$$\int\frac{\sin x}{\cos x}\,dx=\int\frac{1}{t}\cdot(-t')\,dx$$

> $\tan x$ は $\dfrac{\sin x}{\cos x}$ にして考える．

第4章

$$= -\int \frac{1}{t}\,dt$$

$$= -\log|t| + C$$

$$= -\log|\cos x| + C \quad (C \text{ は積分定数}).$$

解説

置換積分法は，合成関数の微分法に対応する．

$$\{h(g(x))\}' = h'(g(x))g'(x)$$

より，

$$\int h'(g(x))g'(x)\,dx = h(g(x)) + C.$$

$h'(x) = f(x)$ とおくと，$h(x)$ は $f(x)$ の原始関数であり，これを $F(x)$ とかくと，

$$\int f(g(x))g'(x)\,dx = F(g(x)) + C,$$

すなわち，

$$\int f(g(x))g'(x)\,dx = \int f(t)\,dt, \quad \text{ただし，} \ t = g(x).$$

ただし，置換積分では，公式を適用しようと考えると，かえって考えにくいことが多い．むしろ，「どんな合成関数の微分か」を考えるとよい．

(1), (2) では，(x の1次式) の関数とみなすことができるので，(x の1次式) を t とおけばよい．

なお，このタイプについては特に，(x の1次式) のどんな関数になるかを調べれば，「係数は後で考える」という考え方を利用して不定積分を求めることもできる．

(1) $\{(2x-1)^8\}' = 2 \cdot 8(2x-1)^7 = 16(2x-1)^7$ であるから，

$$\int (2x-1)^7\,dx = \frac{1}{16}(2x-1)^8 + C \quad (C \text{ は積分定数}).$$

(2) $x(3x+1)^{\frac{1}{2}} = \left\{\frac{1}{3}(3x+1) - \frac{1}{3}\right\}(3x+1)^{\frac{1}{2}}$

$$= \frac{1}{3}(3x+1)^{\frac{3}{2}} - \frac{1}{3}(3x+1)^{\frac{1}{2}}.$$

ここで，

$$\left\{(3x+1)^{\frac{5}{2}}\right\}' = 3 \cdot \frac{5}{2}(3x+1)^{\frac{3}{2}} = \frac{15}{2}(3x+1)^{\frac{3}{2}},$$

$$\left\{(3x+1)^{\frac{3}{2}}\right\}' = 3 \cdot \frac{3}{2}(3x+1)^{\frac{1}{2}} = \frac{9}{2}(3x+1)^{\frac{1}{2}}$$

であるから，

$$\int x(3x+1)^{\frac{1}{2}}dx=\int \frac{1}{3}(3x+1)^{\frac{3}{2}}dx-\int \frac{1}{3}(3x+1)^{\frac{1}{2}}dx$$

$$=\frac{2}{45}(3x+1)^{\frac{5}{2}}-\frac{2}{27}(3x+1)^{\frac{3}{2}}+C$$

$$=\frac{2}{135}(3x+1)^{\frac{3}{2}}\{3(3x+1)-5\}+C$$

$$(C \text{ は積分定数}).$$

(3)では，$\sin x^2$ の部分を合成関数とみれば，$x^2=t$ とおくことは難しくはない．

$(\cos x^2)'=2x\cdot(-\sin x^2)=-2x\sin x^2$ であることは確認しておこう．

(4), (5), (6)は，慣れないと少々難しいかもしれないが，いずれもよく出題される形の問題である．

解いてみよう㉝ 答えは別冊18ページへ

次の不定積分を求めよ．

(1) $\displaystyle\int \sin(3-4x)\,dx.$

(2) $\displaystyle\int e^x\cos e^x\,dx.$

(3) $\displaystyle\int \frac{1}{x\log x}\,dx.$

(4) $\displaystyle\int \frac{1}{\tan x}\,dx.$

置換積分法（定積分）

次の定積分を求めよ.

(1) $\displaystyle\int_0^1 (2x-1)^7\,dx.$

(2) $\displaystyle\int_2^3 x\sin x^2\,dx.$

(3) $\displaystyle\int_1^e \frac{\log x}{x}\,dx.$

$\displaystyle\int_a^b f(x)\,dx$ において, $x=g(t)$ とおく.

$$a=g(\alpha),\quad b=g(\beta),$$

$g(t)$ が α と β の間で単調に増加または減少するとき,

$$\int_a^b f(x)\,dx=\int_\alpha^\beta f(g(t))g'(t)\,dt.$$

解答

(1) $t=2x-1$ とおくと, $x=\dfrac{1}{2}(t+1)$, $\dfrac{dx}{dt}=\dfrac{1}{2}$ であり,

$$\begin{array}{c|ccc} x & 0 & \to & 1 \\ \hline t & -1 & \to & 1 \end{array}$$ となるから,

$$\begin{aligned}
\int_0^1 (2x-1)^7\,dx &= \int_{-1}^1 t^7\cdot\frac{1}{2}\,dt \\
&= \left[\frac{1}{16}t^8\right]_{-1}^1 \\
&= \frac{1}{16}\{1^8-(-1)^8\} \\
&= \mathbf{0}.
\end{aligned}$$

奇関数の定積分を用いて結論を得ることもできる.

(2) $t=x^2$ とおくと, $t'=2x$ であり, $\begin{array}{c|ccc} x & 2 & \to & 3 \\ \hline t & 4 & \to & 9 \end{array}$ となるから,

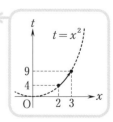

$$\begin{aligned}
\int_2^3 x\sin x^2\,dx &= \int_2^3 \sin t\cdot\frac{1}{2}t'\,dx \quad\cdots\text{①} \\
&= \frac{1}{2}\int_4^9 \sin t\,dt \quad\cdots\text{②}
\end{aligned}$$

$$=\frac{1}{2}\Big[-\cos t\Big]_4^9$$

$$=\frac{1}{2}\{-\cos 9-(-\cos 4)\}$$

$$=\frac{1}{2}(\cos 4-\cos 9).$$

(3)　$t=\log x$ とおくと，$t'=\dfrac{1}{x}$ であり，$\begin{array}{c|ccc} x & 1 & \to & e \\ \hline t & 0 & \to & 1 \end{array}$ となる

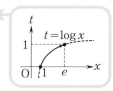

から，

$$\int_1^e \frac{\log x}{x}\,dx = \int_1^e t\cdot t'\,dx$$

$$=\int_0^1 t\,dt$$

$$=\Big[\frac{1}{2}t^2\Big]_0^1$$

$$=\frac{1}{2}.$$

解説

　置換積分法による定積分の計算である．部分積分法の場合と同様に，まず不定積分を求めてから定積分を計算してもよいのだが，定積分のまま計算できるようにしておいた方がよい．

　なお，定積分で原始関数に代入する値は，x で積分するときは x の値，t で積分するときは t の値である．解答の(2)を例にとると，① では x の値を用いて $\int_2^3$ となり，② では t の値を用いて $\int_4^9$ となっている点に注意すること．

解いてみよう㉞　答えは別冊 19 ページへ

　次の定積分を求めよ．

(1) $\displaystyle\int_0^1 x(3x+1)^{\frac{1}{2}}\,dx.$　　　　(2) $\displaystyle\int_0^{\frac{\pi}{2}} \sin^3 x\,dx.$

(3) $\displaystyle\int_{\frac{\pi}{4}}^{\frac{\pi}{3}} \tan x\,dx.$

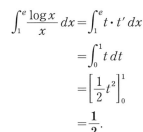

定番の置換積分

次の定積分を求めよ.

(1) $\displaystyle\int_0^{\frac{1}{2}} \frac{1}{\sqrt{1-x^2}}\,dx.$

(2) $\displaystyle\int_0^1 \frac{1}{1+x^2}\,dx.$

 基本事項

a を正の定数として,被積分関数に,

[1] $\sqrt{a^2-x^2}$ が含まれるときは,$x=a\sin\theta$ とする.

[2] x^2+a^2 が分母に含まれるときは,$x=a\tan\theta$ とする.

解答

(1) $x=\sin\theta$ $\left(-\dfrac{\pi}{2}\leqq\theta\leqq\dfrac{\pi}{2}\right)$ とおくと,$\dfrac{dx}{d\theta}=\cos\theta$ であり,

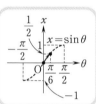

$$\begin{array}{c|ccc} x & 0 & \to & \dfrac{1}{2} \\ \hline \theta & 0 & \to & \dfrac{\pi}{6} \end{array}$$ となるから,

$$\int_0^{\frac{1}{2}} \frac{1}{\sqrt{1-x^2}}\,dx = \int_0^{\frac{\pi}{6}} \frac{1}{\sqrt{1-\sin^2\theta}}\cdot\frac{dx}{d\theta}\,d\theta$$

$$= \int_0^{\frac{\pi}{6}} \frac{1}{\cos\theta}\cdot\cos\theta\,d\theta$$

$\left(0\leqq\theta\leqq\dfrac{\pi}{6}\ \text{において}\ \cos\theta>0\ \text{を用いた}\right)$

$$= \int_0^{\frac{\pi}{6}} 1\,d\theta$$

$$= \Big[\theta\Big]_0^{\frac{\pi}{6}} = \frac{\pi}{6}-0 = \frac{\pi}{6}.$$

$$\begin{aligned} &\sqrt{1-\sin^2\theta} \\ &=\sqrt{\cos^2\theta} \\ &=|\cos\theta| \\ &=\cos\theta \\ &\left(\because\ 0\leqq\theta\leqq\frac{\pi}{6}\ \text{のとき} \atop \cos\theta>0\right). \end{aligned}$$

(2) $x=\tan\theta$ $\left(-\dfrac{\pi}{2}<\theta<\dfrac{\pi}{2}\right)$ とおくと,$\dfrac{dx}{d\theta}=\dfrac{1}{\cos^2\theta}$ であ

り,$\begin{array}{c|ccc} x & 0 & \to & 1 \\ \hline t & 0 & \to & \dfrac{\pi}{4} \end{array}$ となるから,

$$\int_0^1 \frac{1}{1+x^2}\,dx = \int_0^{\frac{\pi}{4}} \frac{1}{1+\tan^2\theta} \cdot \frac{dx}{d\theta}\,d\theta$$

$$= \int_0^{\frac{\pi}{4}} \cos^2\theta \cdot \frac{1}{\cos^2\theta}\,d\theta \qquad\longleftarrow\qquad \boxed{1+\tan^2\theta = \frac{1}{\cos^2\theta}.}$$

$$= \int_0^{\frac{\pi}{4}} 1\,d\theta$$

$$= \Big[\,\theta\,\Big]_0^{\frac{\pi}{4}} = \frac{\pi}{4} - 0 = \frac{\pi}{4}.$$

解説

　本項の置換積分は，知識や経験がないと計算ができないタイプである．$\sqrt{a^2-x^2}$ と $\dfrac{1}{x^2+a^2}$ は特別な式として，置換積分の流れを知っておこう．

　なお，例えば

$\displaystyle\int_0^1 \sqrt{1-x^2}\,dx$ については，

後で学ぶ面積の考え方を用

いて，図のアミ掛け部分の

面積に等しいことから，

$\displaystyle\int_0^1 \sqrt{1-x^2}\,dx = \frac{1}{4}\cdot\pi\cdot 1^2 = \frac{\pi}{4}$

としてもよい．

$$x^2 + y^2 = 1$$
$$\left(\begin{array}{l}\text{上半分}\ \ y=\sqrt{1-x^2}\\[2pt]\text{下半分}\ \ y=-\sqrt{1-x^2}\end{array}\right)$$

第4章

解いてみよう㉟　答えは別冊 19 ページへ

　次の定積分を求めよ．

(1) $\displaystyle\int_0^{\sqrt{2}} \sqrt{4-x^2}\,dx.$ 　　　　(2) $\displaystyle\int_0^1 \frac{1}{3+x^2}\,dx.$

86

 積分計算の準備

次の積分を計算せよ.

(1) $\displaystyle\int \frac{x^2}{x+1}\,dx.$

(2) $\displaystyle\int_1^2 \frac{1}{x(x+1)}\,dx.$

(3) $\displaystyle\int \sin x \cos 3x\,dx.$

(4) $\displaystyle\int_0^{\frac{\pi}{2}} \cos^2 x\,dx.$

基本事項

積分する式によっては，積分計算の前に，被積分関数を変形することが重要である.

[1] 分数式の変形

　(i) まず，分子の次数ができるだけ低くなるように変形し，

　(ii) 次に，分母に1種類の因数しかない形の分数に分解する.

[2] 三角関数の積の変形

　積 → 和の公式などを用いて，三角関数の積をなくす.

解答

(1) $\dfrac{x^2}{x+1}=\dfrac{(x+1)(x-1)+1}{x+1}=x-1+\dfrac{1}{x+1}$ であるから，

$$\int \frac{x^2}{x+1}\,dx=\int\left(x-1+\frac{1}{x+1}\right)dx$$
$$=\frac{1}{2}x^2-x+\log|x+1|+C \quad (C \text{ は積分定数}).$$

(2) $\dfrac{1}{x(x+1)}=\dfrac{(x+1)-x}{x(x+1)}=\dfrac{x+1}{x(x+1)}-\dfrac{x}{x(x+1)}=\dfrac{1}{x}-\dfrac{1}{x+1}$ であるから，

$$\int_1^2 \frac{1}{x(x+1)}\,dx=\int_1^2\left(\frac{1}{x}-\frac{1}{x+1}\right)dx$$
$$=\Big[\log|x|-\log|x+1|\Big]_1^2=2\log 2-\log 3.$$

(3) $\sin x\cos 3x=\dfrac{1}{2}(\sin 4x-\sin 2x)$ であるから，

$$\int \sin x\cos 3x=\frac{1}{2}\int(\sin 4x-\sin 2x)\,dx$$
$$=-\frac{1}{8}\cos 4x+\frac{1}{4}\cos 2x+C \quad (C \text{ は積分定数}).$$

$\sin\alpha\cos\beta$
$=\dfrac{1}{2}\{\sin(\alpha+\beta)$
$+\sin(\alpha-\beta)\}.$

(4) $\cos^2 x = \dfrac{1+\cos 2x}{2}$ であるから，

$$\cos 2x = 2\cos^2 x - 1.$$

$$\int_0^{\frac{\pi}{2}} \cos^2 x\,dx = \frac{1}{2}\int_0^{\frac{\pi}{2}}(1+\cos 2x)\,dx$$

$$= \frac{1}{2}\left[x + \frac{1}{2}\sin 2x\right]_0^{\frac{\pi}{2}}$$

$$= \frac{1}{2}\left\{\left(\frac{\pi}{2}+\frac{1}{2}\sin\pi\right)-\left(0+\frac{1}{2}\sin 0\right)\right\} = \frac{\pi}{4}.$$

解説

(1)では，分母よりも分子の次数が高いので，割り算を行って，分子の次数を低くしてから計算した．

なお，$\displaystyle\int\frac{1}{x+1}\,dx$ の計算では，細かくいうと，$x+1=t$ とする置換積分を利用している．

また，(1)は，この変形をせず，ただちに $x+1=t$ とする置換積分を行っても結論を得ることができる．略解は次のようになる．

$$\int\frac{x^2}{x+1}\,dx = \int\frac{(t-1)^2}{t}\,dt$$

$$\int\left(t-2+\frac{1}{t}\right)dt.$$

$$= \frac{1}{2}t^2 - 2t + \log|t| + C$$

$$= \frac{1}{2}(x+1)^2 - 2(x+1) + \log|x+1| + C \quad (C \text{ は積分定数}).$$

(2)のように，分母が2種類以上の因数の積となっているときは，解答のように部分分数分解を用いる．

$x+1=t$ の置換積分も利用した．

(3) 積 → 和の公式を用いて，三角関数の和の形に変形した．

$4x=t$, $2x=u$ とする置換積分を利用している．

(4) 半角の公式（倍角の公式）を用いて $\cos^2 x$ を変形した．

$2x=t$ とする置換積分を利用している．

解いてみよう㊱

答えは別冊20ページへ

次の積分を計算せよ．

(1) $\displaystyle\int\frac{1}{x^2-1}\,dx.$

(2) $\displaystyle\int_0^1\frac{x^4}{x^2+1}\,dx.$

(3) $\displaystyle\int_\pi^{\frac{\pi}{2}}\sin 3x \sin 4x\,dx.$

定積分で表された関数

次の関係式が成り立つとき，$f(x)$ を求めよ．また，(2) では定数 a の値も求めよ．

(1) $f(x) = \sin x + \displaystyle\int_0^{\frac{\pi}{2}} f(t)\,dt.$ (2) $\displaystyle\int_a^x f(t)\,dt = e^x - 1.$

基本事項

1 定積分 $\displaystyle\int_\alpha^\beta f(t)\,dt$ は定数である．

2 定積分 $\displaystyle\int_\alpha^x f(t)\,dt$ は x の関数であり，これを $g(x)$ とおくと，$g(x)$ は次の性質をみたす．

① $g'(x) = f(x).$ ② $g(\alpha) = 0.$

解答

(1) $\displaystyle\int_0^{\frac{\pi}{2}} f(t)\,dt = k$ …① とおくと，k は定数で，

$$f(x) = \sin x + k. \quad \text{…②}$$

これを ① に代入して，

$$\int_0^{\frac{\pi}{2}} (\sin t + k)\,dt = k.$$

$$\left[-\cos t + kt \right]_0^{\frac{\pi}{2}} = k.$$

左辺を計算して，

$$\frac{\pi}{2}k + 1 = k$$

となるので，

$$k = \frac{-2}{\pi - 2}.$$

② に代入して，

$$f(x) = \sin x - \frac{2}{\pi - 2}.$$

(2) $\displaystyle\int_a^x f(t)\,dt = e^x - 1. \quad \text{…③}$

③ の両辺を x で微分して,
$$f(x) = e^x.$$
また, ③ に $x = a$ を代入すると,
$$\int_a^a f(t)\,dt = e^a - 1.$$
ここで, $\int_a^a f(t)\,dt = 0$ であるから,
$$e^a - 1 = 0.$$
$$a = 0.$$

解説

$f(x)$ の原始関数の 1 つを $F(x)$ とする.
$$\int_\alpha^\beta f(t)\,dt = \Big[F(t) \Big]_\alpha^\beta$$
$$= F(\beta) - F(\alpha)$$
であるから, $\int_\alpha^\beta f(t)\,dt$ は定数である.

また,
$$\int_\alpha^x f(t)\,dt = \Big[F(t) \Big]_\alpha^x$$
$$= F(x) - F(\alpha)$$
であるから, $\int_\alpha^x f(t)\,dt$ は x の関数であり, これを $g(x)$ とおくと,
$$\begin{cases} g'(x) = F'(x), & \cdots ④ \\ g(\alpha) = F(\alpha) - F(\alpha) = 0 & \cdots ⑤ \end{cases}$$
が成り立つ.

$g'(x)$ が決まっただけでは $g(x)$ はわからないので, ④ 式に加えて ⑤ 式も考える必要がある点が重要である.

(1) では, $\int_0^{\frac{\pi}{2}} f(t)\,dt$ が定数であることから, これを k とおいて, k の値を求めればよい.

また, (2) では, $\int_a^x f(t)\,dt$ の形から, x で微分した式 $f(x) = e^x$ と, x に a を代入した式 $0 = e^a - 1$ を作れば解決する.

解いてみよう㊲　答えは別冊 21 ページへ

次の関係式が成り立つとき, $f(x)$ を求めよ. また, (2) では定数 k の値も求めよ.

(1) $f(x) = x + \int_0^\pi f(t)\sin t\,dt.$ 　　(2) $\int_1^x f(t)\,dt = \sqrt{x} + k.$

㊳ 面積

曲線 $y=\dfrac{x}{\sqrt{x+1}}$ と直線 $y=\dfrac{x}{2}$ で囲まれた図形の面積を求めよ.

基本事項

区間 $a\leqq x\leqq b$ において, $f(x)\geqq g(x)$ であるとき, $a\leqq x\leqq b$ の範囲で2曲線 $y=f(x)$, $y=g(x)$ の間の部分の面積は,

$$\int_a^b \{f(x)-g(x)\}\,dx.$$

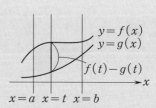

面積を求める手順

① 曲線の概形をかく. $\begin{cases} 共有点の座標 \\ 曲線の上下関係 \end{cases}$ がわかればよい.

② 面積を定積分の形で表す.

③ 定積分の計算をして, 面積を求める.

注 面積を求める領域を D とすると, 求める面積は, 直線 $x=t$ と領域 D の共有点からなる線分の長さを積分したものである.

解答

曲線 $y=\dfrac{x}{\sqrt{x+1}}$ と直線 $y=\dfrac{x}{2}$ の共有点において,

$$\frac{x}{\sqrt{x+1}}=\frac{x}{2}.$$
$$x\left(\frac{1}{\sqrt{x+1}}-\frac{1}{2}\right)=0.$$
$$x=0 \ \ または \ \ \sqrt{x+1}=2.$$

よって, $x=0$, 3.

$0<x<3$ のとき,

$$\frac{x}{\sqrt{x+1}}-\frac{x}{2}=x\left(\frac{1}{\sqrt{x+1}}-\frac{1}{2}\right)$$
$$=\frac{x}{2\sqrt{x+1}}(2-\sqrt{x+1})>0$$

であるから, この範囲で

$$\frac{x}{\sqrt{x+1}} > \frac{x}{2}$$

であり，概形は図のようになる．

よって，求める面積は，

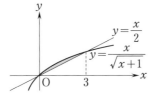

$$\int_0^3 \left(\frac{x}{\sqrt{x+1}} - \frac{x}{2}\right) dx = \int_0^3 \frac{x}{\sqrt{x+1}}\, dx - \left[\frac{1}{4}x^2\right]_0^3$$

$$= \int_0^3 \frac{x}{\sqrt{x+1}}\, dx - \frac{9}{4}.$$

ここで，$x+1=t$ とおくと，$x=t-1$，$\dfrac{dx}{dt}=1$，$\begin{array}{c|ccc} x & 0 & \to & 3 \\ \hline t & 1 & \to & 4 \end{array}$ であり，

$$\int_0^3 \frac{x}{\sqrt{x+1}}\, dx = \int_1^4 \frac{t-1}{\sqrt{t}} \cdot \frac{dx}{dt}\, dt$$

$$= \int_1^4 \left(\sqrt{t} - \frac{1}{\sqrt{t}}\right) dt = \int_1^4 \left(t^{\frac{1}{2}} - t^{-\frac{1}{2}}\right) dt$$

$$= \left[\frac{2}{3}t^{\frac{3}{2}} - 2t^{\frac{1}{2}}\right]_1^4$$

$$= \left(\frac{2}{3}\cdot 4^{\frac{3}{2}} - 2\cdot 4^{\frac{1}{2}}\right) - \left(\frac{2}{3}\cdot 1^{\frac{3}{2}} - 2\cdot 1^{\frac{1}{2}}\right) = \frac{8}{3}$$

であるから，求める面積は，$\dfrac{8}{3} - \dfrac{9}{4} = \dfrac{\mathbf{5}}{\mathbf{12}}$.

解説

「概形 → 積分の式 → 計算」の流れで面積を求めることは大切なので，確実に身につけておこう．

なお，概形をかくとき，共有点と上下関係さえわかれば，面積を求めるためには十分である．解答では，$\dfrac{x}{\sqrt{x+1}} - \dfrac{x}{2}$ の符号を調べることで，$\dfrac{x}{\sqrt{x+1}} > \dfrac{x}{2}$ $(0<x<3)$ と結論づけている．もちろん $y=\dfrac{x}{\sqrt{x+1}}$ の増減や凹凸を調べてもよいのだが，少々面倒なので，解答のようにする方が得である．

積分の計算では置換積分法を用いた．確認しておこう．

解いてみよう㊳ 答えは別冊21ページへ

2曲線 $y=\sin x$，$y=\cos x$ $(0\leqq x \leqq 2\pi)$ で囲まれた図形の面積を求めよ．

定積分と不等式

$y=\dfrac{1}{x}$ のグラフを用いて，次の不等式を証明せよ．ただし，n は2以上の整数とする．

$$\log n < 1 + \frac{1}{2} + \frac{1}{3} + \cdots + \frac{1}{n-1}.$$

基本事項

$a \leqq x \leqq b$ において常に $f(x) \leqq g(x)$ であれば，
$$\int_a^b f(x)\,dx \leqq \int_a^b g(x)\,dx.$$
等号が成り立つのは，$a \leqq x \leqq b$ において常に $f(x)=g(x)$ のときに限る．

解答

$y=\dfrac{1}{x}$ のグラフは，下のようになる．

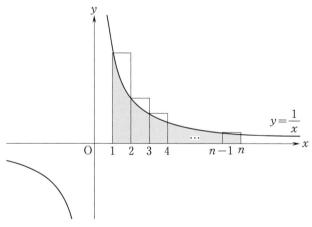

図の影の部分の面積を S とすると，
$$S = \int_1^n \frac{1}{x}\,dx$$
$$= \Big[\log x\Big]_1^n$$

$$= \log n - \log 1 = \log n.$$

一方，図から，$S < 1 + \dfrac{1}{2} + \dfrac{1}{3} + \cdots + \dfrac{1}{n-1}$ であるから，

$$\log n < 1 + \frac{1}{2} + \frac{1}{3} + \cdots + \frac{1}{n-1}.$$

解説

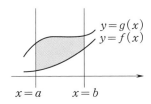

$a \le x \le b$ において常に $f(x) \le g(x)$ であるとき，

$\displaystyle\int_a^b \{g(x) - f(x)\}\,dx$ は図の面積であるから，

$$\int_a^b \{g(x) - f(x)\}\,dx \ge 0.$$

$$\int_a^b g(x)\,dx - \int_a^b f(x)\,dx \ge 0.$$

よって，

$$\int_a^b g(x)\,dx \ge \int_a^b f(x)\,dx.$$

　等号が成り立つのは，$a \le x \le b$ において 2 曲線 $y = f(x)$ と $y = g(x)$ が一致するときに限る.

　このように，定積分を含む不等式を考えるときは，面積を利用すると考えやすいことが多い.

　本問題においては，$y = \dfrac{1}{x}$ のグラフにおいて，

$$\log n, \quad 1 + \frac{1}{2} + \frac{1}{3} + \cdots + \frac{1}{n-1}$$

がどのような図形の面積を表しているかを考えればよい.

解いてみよう㊴　答えは別冊 21 ページへ

　次の不等式を証明せよ. ただし，n は 2 以上の整数とする.

$$1 + \frac{1}{2^2} + \frac{1}{3^2} + \cdots + \frac{1}{n^2} > \frac{n}{n+1}.$$

区分求積法

次の極限値を求めよ.

(1) $\displaystyle\lim_{n\to\infty}\frac{1}{n}\left(\sqrt{\frac{1}{n}}+\sqrt{\frac{2}{n}}+\sqrt{\frac{3}{n}}+\cdots+\sqrt{\frac{n}{n}}\right).$

(2) $\displaystyle\lim_{n\to\infty}\left(\frac{1}{2n+1}+\frac{1}{2n+2}+\frac{1}{2n+3}+\cdots+\frac{1}{2n+n}\right).$

基本事項 ∿∿∿∿∿∿∿∿∿∿∿∿∿∿∿∿∿∿∿∿∿

$$\lim_{n\to\infty}\frac{1}{n}\left\{f\left(\frac{1}{n}\right)+f\left(\frac{2}{n}\right)+f\left(\frac{3}{n}\right)+\cdots+f\left(\frac{n}{n}\right)\right\}=\int_0^1 f(x)\,dx.$$

$\sum$ を用いてかくと,

$$\lim_{n\to\infty}\frac{1}{n}\sum_{k=1}^n f\left(\frac{k}{n}\right)=\int_0^1 f(x)\,dx.$$

(1) $\displaystyle\lim_{n\to\infty}\frac{1}{n}\left(\sqrt{\frac{1}{n}}+\sqrt{\frac{2}{n}}+\sqrt{\frac{3}{n}}+\cdots+\sqrt{\frac{n}{n}}\right)$

$\displaystyle=\int_0^1\sqrt{x}\,dx=\int_0^1 x^{\frac{1}{2}}\,dx=\left[\frac{2}{3}x^{\frac{3}{2}}\right]_0^1=\frac{2}{3}.$

(2) $\displaystyle\lim_{n\to\infty}\left(\frac{1}{2n+1}+\frac{1}{2n+2}+\frac{1}{2n+3}+\cdots+\frac{1}{2n+n}\right)$

$\displaystyle=\lim_{n\to\infty}\frac{1}{n}\left(\frac{n}{2n+1}+\frac{n}{2n+2}+\frac{n}{2n+3}+\cdots+\frac{n}{2n+n}\right)$

$\displaystyle=\lim_{n\to\infty}\frac{1}{n}\left(\frac{1}{2+\frac{1}{n}}+\frac{1}{2+\frac{2}{n}}+\frac{1}{2+\frac{3}{n}}+\cdots+\frac{1}{2+\frac{n}{n}}\right)$

$\displaystyle=\int_0^1\frac{1}{2+x}\,dx.$

ここで, $x+2=t$ とおくと, $x=t-2,\ \dfrac{dx}{dt}=1,$

$\dfrac{x\ \vert\ 0\to 1}{t\ \vert\ 2\to 3}$ であり,

$$\int_0^1\frac{1}{2+x}\,dx=\int_2^3\frac{1}{t}\cdot\frac{dx}{dt}\,dt=\int_2^3\frac{1}{t}\,dt$$

$$=\Bigl[\log t\Bigr]_2^3=\log 3-\log 2.$$

解説

$0\le x\le 1$ において，$f(x)\ge 0$ の場合については，

$$\frac{1}{n}\left\{f\left(\frac{1}{n}\right)+f\left(\frac{2}{n}\right)+f\left(\frac{3}{n}\right)+\cdots+f\left(\frac{n}{n}\right)\right\}$$

は，図の面積となる。

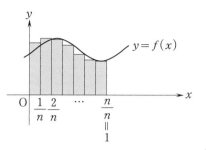

ここで n を大きくすると，面積は $\displaystyle\int_0^1 f(x)\,dx$ に近づいていくことがわかる。つまり，

$$\lim_{n\to\infty}\frac{1}{n}\left\{f\left(\frac{1}{n}\right)+f\left(\frac{2}{n}\right)+f\left(\frac{3}{n}\right)+\cdots+f\left(\frac{n}{n}\right)\right\}=\int_0^1 f(x)\,dx. \qquad \cdots(*)$$

このように，無限級数の和を図形を区分したときの極限として求める方法を，**区分求積法**という。

なお，$(*)$ は，「$0\le x\le 1$ において $f(x)\ge 0$」が成り立たないときにも成立する。

また，同様の考え方により，

$$\lim_{n\to\infty}\frac{1}{n}\left\{f\left(\frac{1}{n}\right)+f\left(\frac{2}{n}\right)+f\left(\frac{3}{n}\right)+\cdots+f\left(\frac{2n}{n}\right)\right\}=\int_0^2 f(x)\,dx,$$

$$\lim_{n\to\infty}\frac{1}{n}\left\{f\left(\frac{1}{n}\right)+f\left(\frac{2}{n}\right)+f\left(\frac{3}{n}\right)+\cdots+f\left(\frac{3n}{n}\right)\right\}=\int_0^3 f(x)\,dx$$

なども成立する。

(1)は公式がそのまま使えるが，(2)では工夫が必要である。次の手順で進めればよい。

① $\dfrac{1}{2n+1}+\dfrac{1}{2n+2}+\dfrac{1}{2n+3}+\cdots+\dfrac{1}{2n+n}$ を $\dfrac{1}{n}\times(n\text{の式})$ に変形する。

② ①の「$(n\text{の式})$」を，$\dfrac{1}{n}$，$\dfrac{2}{n}$，$\dfrac{3}{n}$，$\cdots$，$\dfrac{n}{n}$ を用いた式に変形する。

解いてみよう㊵　答えは別冊 22 ページへ

次の極限値を求めよ。

(1) $\displaystyle\lim_{n\to\infty}\frac{1}{n}\left(\sin\frac{\pi}{n}+\sin\frac{2\pi}{n}+\sin\frac{3\pi}{n}+\cdots+\sin\frac{n\pi}{n}\right).$

(2) $\displaystyle\lim_{n\to\infty}\sum_{k=1}^{n}\frac{n}{n^2+k^2}.$

㊶ 体積

xy 平面上に，A$(x, 0)$, B$(x, 1+\sin x)$ を両端とする線分 AB がある．AB を 1 辺とし，xy 平面と垂直な正方形 ABCD を，xy 平面の一方の側に作る．

x が $0 \le x \le \pi$ の範囲で変化するとき，正方形 ABCD の内部および周が通過してできる立体の体積を求めよ．

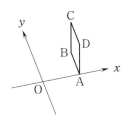

基本事項

図のような，x 軸に垂直な 2 つの平面にはさまれた立体がある．この立体の，x 軸に垂直な平面による切り口の面積を $S(x)$ とすると，立体の体積 V は，

$$V = \int_a^b S(x)\,dx$$

で与えられる．

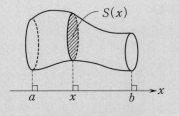

解答

題意の立体の，x 軸に垂直な平面による切り口は，正方形 ABCD であるから，その面積は，

$$AB^2 = (1+\sin x)^2.$$

よって，求める体積を V とすると，

$$
\begin{aligned}
V &= \int_0^\pi (1+\sin x)^2\,dx \\
&= \int_0^\pi (1 + 2\sin x + \sin^2 x)\,dx \\
&= \Big[x - 2\cos x \Big]_0^\pi + \int_0^\pi \frac{1}{2}(1-\cos 2x)\,dx \\
&= \pi + 4 + \frac{1}{2}\Big[x - \frac{1}{2}\sin 2x \Big]_0^\pi \\
&= \frac{3}{2}\pi + 4.
\end{aligned}
$$

$\cos 2x = 1 - 2\sin^2 x$ より，$\sin^2 x = \frac{1}{2}(1-\cos 2x)$.

解説

　面積を求めるとき，問題となっている領域を x 軸に垂直な直線で切ったときの切り口（線分）の長さを積分すればよいのと同様，体積を求めるときは，1つの軸に垂直な平面で切ったときの切り口の面積を積分すればよい.

　体積を求める問題の多くは，次項で学ぶ回転体の体積であるが，その考え方の基礎となるのは本項の「切り口の面積を積分する」という方法である.

参考　この立体は，下図のような立体である.

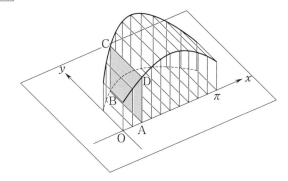

解いてみよう㊶　答えは別冊22ページへ

　xy 平面上に，曲線 $y=\log x$ がある. 曲線上の点 $\mathrm{P}(t,\ \log t)$ と，P から x 軸に下ろした垂線の足 Q を対角線の両端とする正方形を，xy 平面と垂直につくる.

　t が $1 \leqq t \leqq e$ の範囲で変化するとき，正方形の内部および周が通過してできる立体の体積を求めよ.

体積（回転体）

次の曲線と x 軸で囲まれた部分が x 軸のまわりに1回転してできる回転体の体積を求めよ.

(1) $y=1-x^2$.

(2) $y=\sqrt{1-x^2}$.

区間 $a \leqq x \leqq b$ において，曲線 $y=f(x)$ と x 軸の間の部分が x 軸のまわりに1回転してできる回転体の体積 V は，

$$V=\int_a^b \pi\{f(x)\}^2\,dx = \pi\int_a^b \{f(x)\}^2\,dx.$$

解答

(1) $y=1-x^2$ と x 軸で囲まれた部分は，右図の影の部分である.

よって，求める回転体の体積 V は，

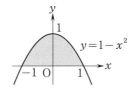

$$V = \pi\int_{-1}^{1}(1-x^2)^2\,dx$$

$$= \pi\int_{-1}^{1}(1-2x^2+x^4)\,dx$$

$$= 2\pi\int_{0}^{1}(1-2x^2+x^4)\,dx$$

$$= 2\pi\left[x-\frac{2}{3}x^3+\frac{1}{5}x^5\right]_0^1$$

$$= 2\pi\left(1-\frac{2}{3}+\frac{1}{5}\right)$$

$$= \frac{16}{15}\pi.$$

> $1-2x^2+x^4$ は偶関数であることを利用した.

(2) $y=\sqrt{1-x^2}$ と x 軸で囲まれた部分は，右図のようになる.

よって，求める回転体の体積 V は，

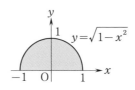

$$V = \pi\int_{-1}^{1}(\sqrt{1-x^2})^2\,dx$$

$$= \pi \int_{-1}^{1} (1 - x^2)\, dx$$

$$= 2\pi \int_{0}^{1} (1 - x^2)\, dx \quad \longleftarrow$$

$1 - x^2$ は偶関数であることを利用した.

$$= 2\pi \left[x - \frac{1}{3}x^3 \right]_{0}^{1}$$

$$= 2\pi \left(1 - \frac{1}{3} \right)$$

$$= \frac{4}{3}\pi.$$

解説

x 軸のまわりに 1 回転してできる立体の，x 軸に垂直な平面による断面は，常に円となる. よって，その断面積は，$\longleftarrow$

円形の穴があくこともある.

$$\pi \times (\text{半径})^2$$

となる.

ここで，半径は，曲線上の点の y 座標，すなわち $f(x)$ であるから，前項の内容より，回転体の体積は，

$$\int_{a}^{b} \pi \{f(x)\}^2\, dx$$

で計算できる.

なお，(2) の回転体は，半径 1 の球である.

球の体積の公式

$$V = \frac{4}{3}\pi r^3$$

は，回転体の体積の積分計算を用いて求めることができる.

解いてみよう㊷ 答えは別冊 22 ページへ

曲線 $y = \sqrt{9 - 4x^2}$ と x 軸で囲まれた部分が x 軸のまわりに 1 回転してできる回転体の体積を求めよ.

第 4 章　テスト対策問題

1 次の積分を計算せよ.

(1) $\displaystyle\int \frac{1}{\sin x}\, dx.$

(2) $\displaystyle\int \frac{1}{e^x-1}\, dx.$

(3) $\displaystyle\int_1^2 (\log x)^2\, dx.$

(4) $\displaystyle\int_0^\pi x \cos^2 x\, dx.$

2 2曲線 $y=\sin 2x,\ y=\dfrac{1}{2}\cos x\ \left(0\leqq x\leqq \dfrac{\pi}{2}\right)$ を考える.

(1) 2曲線の $\left(\dfrac{\pi}{2},\ 0\right)$ 以外の共有点の x 座標を α とするとき, $\sin\alpha$ および $\cos 2\alpha$ の値を求めよ.

(2) 2曲線で囲まれた部分の面積を求めよ.

3 曲線 $y=\sin x\ (0\leqq x\leqq \pi)$ と x 軸で囲まれた部分が, x 軸のまわりに1回転してできる回転体の体積を求めよ.

4 (1) $0<x<1$ のとき,

$$\frac{1}{1+x^2} \quad \succeq \quad \frac{1}{1+x}$$

の大小を比較せよ.

(2) $\dfrac{\pi}{4}$ と $\log 2$ の大小を比較せよ.

5 次の極限値を求めよ.

(1) $\displaystyle\lim_{n\to\infty}\sum_{k=1}^n \frac{1}{4n+k}$

(2) $\displaystyle\lim_{n\to\infty}\sum_{k=1}^n \frac{\log \dfrac{n+k}{n}}{n+k}$

答えは別冊 23～25 ページ

第 5 章

いろいろな曲線　数学C

<table>
<tr><th>学習テーマ</th><th>学習時間</th><th>はじめるプラン</th><th>じっくりプラン</th><th>おさらいプラン</th></tr>
<tr><td>㊸ 楕円</td><td>12分</td><td rowspan="2">1日目</td><td>1日目</td><td rowspan="3">1日目</td></tr>
<tr><td>㊹ 双曲線</td><td>15分</td><td rowspan="2">2日目</td></tr>
<tr><td>㊺ 放物線</td><td>12分</td><td rowspan="2">2日目</td></tr>
<tr><td>㊻ 2次曲線の平行移動</td><td>16分</td><td>3日目</td><td rowspan="3">2日目</td></tr>
<tr><td>㊼ 2次曲線の決定</td><td>16分</td><td rowspan="2">3日目</td><td>4日目</td></tr>
<tr><td>㊽ 2次曲線の接線</td><td>15分</td><td>5日目</td></tr>
<tr><td>㊾ 曲線の媒介変数表示</td><td>16分</td><td>4日目</td><td>6日目</td><td rowspan="3">3日目</td></tr>
<tr><td>㊿ 極座標</td><td>12分</td><td rowspan="2">5日目</td><td rowspan="2">7日目</td></tr>
<tr><td>(51) 極方程式</td><td>12分</td></tr>
</table>

㊽ 楕円

(1) 次の楕円について，その概形をかけ．また，焦点の座標を求めよ．

(i) $\dfrac{x^2}{6}+\dfrac{y^2}{2}=1.$　　　(ii) $x^2+\dfrac{y^2}{2}=1.$

(2) 2点 $\mathrm{F}(3,\ 0)$，$\mathrm{F}'(-3,\ 0)$ を焦点とし，2焦点からの距離の和が10であるような点の軌跡（楕円）の方程式を求めよ．

$a>0$，$b>0$ のとき，曲線 $\dfrac{x^2}{a^2}+\dfrac{y^2}{b^2}=1$ は，円 $x^2+y^2=1$ を x 軸方向に a 倍，y 軸方向に b 倍にしたものであり，原点を中心とする**楕円**となる．（$a=b$ のときは円である）

楕円 $\dfrac{x^2}{a^2}+\dfrac{y^2}{b^2}=1$ は，**2焦点 F，F′ からの距離の和が一定**である点の軌跡であり，

$a>b$ のとき，F，F′ の座標は $(\pm\sqrt{a^2-b^2},\ 0)$，距離の和の一定値は $2a$．

$a<b$ のとき，F，F′ の座標は $(0,\ \pm\sqrt{b^2-a^2})$，距離の和の一定値は $2b$．

解答

(1)(i) 焦点は，$(\pm\sqrt{6-2},\ 0)$，
　　　すなわち $(\pm 2,\ 0)$．
　　　概形は右図の通り．

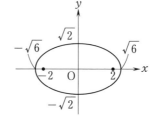

(ii) 焦点は，$(0,\ \pm\sqrt{2-1})$，
　　　すなわち $(0,\ \pm 1)$．
　　　概形は右図の通り．

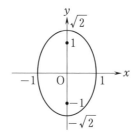

(2)　楕円の中心は，線分 FF′ の中点，すなわち $(0, 0)$ である.

また，2 焦点が x 軸上にあるから，楕円の方程式は，

$$\frac{x^2}{a^2}+\frac{y^2}{b^2}=1 \quad (a>b>0)$$

の形で表される.

条件より，

$$\begin{cases} \sqrt{a^2-b^2}=3, \\ 2a=10. \end{cases}$$

これを解いて，

$$a=5, \quad b=4$$

となるから，求める楕円の方程式は，

$$\frac{x^2}{25}+\frac{y^2}{16}=1.$$

> $\frac{x^2}{5^2}+\frac{y^2}{4^2}=1$ とかいてもよい.

第 5 章

解説

$a>b>0$ のときの，楕円 $\frac{x^2}{a^2}+\frac{y^2}{b^2}=1$ を考えよう. 図のように F，F′，A，B を定める.

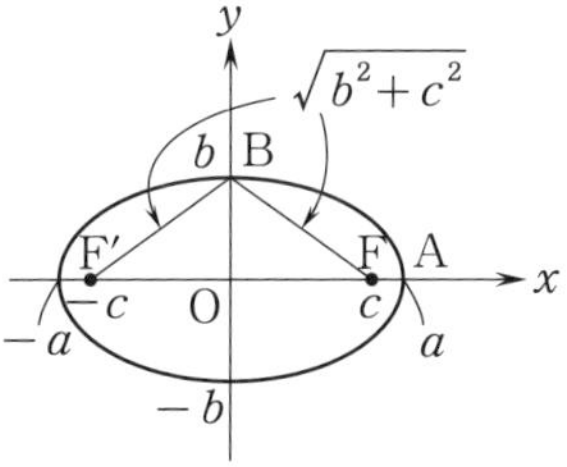

2 焦点からの距離の和の一定値を l とすると，

$l=\mathrm{FA}+\mathrm{F'A}$ より，

$$l=(a-c)+\{a-(-c)\}=2a.$$

$l=\mathrm{FB}+\mathrm{F'B}$ より，

$$l=2\sqrt{b^2+c^2}.$$

よって，$a=\sqrt{b^2+c^2}$，すなわち，$a^2=b^2+c^2$ が成り立つ.

解いてみよう㊸

答えは別冊 25 ページへ

次の楕円について，その概形をかけ. また，焦点の座標を求めよ.

(1)　$4x^2+y^2=1.$　　　　　(2)　$x^2+5y^2=5.$

 双曲線

---

(1) 次の双曲線について，その概形をかけ．また，焦点の座標，および漸近線の
方程式を求めよ．

(i) $x^2 - \dfrac{y^2}{4} = 1$.

(ii) $\dfrac{x^2}{3} - y^2 = -1$.

(2) 2点 F(3, 0)，F′(−3, 0) を焦点とし，2焦点からの距離の差が2であるよ
うな点の軌跡（双曲線）の方程式を求めよ．

$a > 0$，$b > 0$ のとき，曲線 $\dfrac{x^2}{a^2} - \dfrac{y^2}{b^2} = 1$ は，2直線 $\dfrac{x}{a} + \dfrac{y}{b} = 0$，$\dfrac{x}{a} - \dfrac{y}{b} = 0$
を漸近線とする**双曲線**である．

双曲線 $\dfrac{x^2}{a^2} - \dfrac{y^2}{b^2} = 1$ は**2焦点** F，F′ **からの距離の差が一定**である点の軌跡で
あり，F，F′ の座標は $(\pm\sqrt{a^2+b^2},\ 0)$，距離の差の一定値は $2a$．

$\dfrac{x^2}{a^2} - \dfrac{y^2}{b^2} = -1$ についても同様に，漸近線は $\dfrac{x}{a} + \dfrac{y}{b} = 0$，$\dfrac{x}{a} - \dfrac{y}{b} = 0$，
2焦点は $(0,\ \pm\sqrt{a^2+b^2})$，距離の差の一定値は $2b$ である双曲線となる．

解答

(1)(i) 焦点は，$(\pm\sqrt{1+4},\ 0)$，すなわち $(\pm\sqrt{5},\ \mathbf{0})$.

漸近線の方程式は，

$$x + \frac{y}{2} = 0, \quad x - \frac{y}{2} = 0.$$

概形は右図の通り．

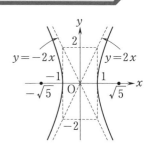

(ii) 焦点は，$(0,\ \pm\sqrt{3+1})$，すなわち $(\mathbf{0},\ \pm\mathbf{2})$.

漸近線の方程式は，

$$\frac{x}{\sqrt{3}} + y = 0, \quad \frac{x}{\sqrt{3}} - y = 0.$$

概形は右図の通り．

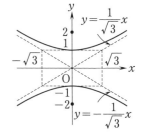

(2)　双曲線の中心は，線分FF′の中点，すなわち(0, 0)である．また，2焦点がx軸上にあるから，双曲線の方程式は，

$$\frac{x^2}{a^2}-\frac{y^2}{b^2}=1 \quad (a>0,\ b>0)$$

の形で表される．

条件より，$\begin{cases}\sqrt{a^2+b^2}=3, \\ 2a=2.\end{cases}$

これを解いて，$a=1$，$b=2\sqrt{2}$ となるから，

求める双曲線の方程式は，$\boldsymbol{x^2-\frac{y^2}{8}=1}$.

$\frac{x^2}{1^2}-\frac{y^2}{(2\sqrt{2})^2}=1.$

解説

$a>0$，$b>0$ のときの双曲線 $\frac{x^2}{a^2}-\frac{y^2}{b^2}=1$ を考えよう．

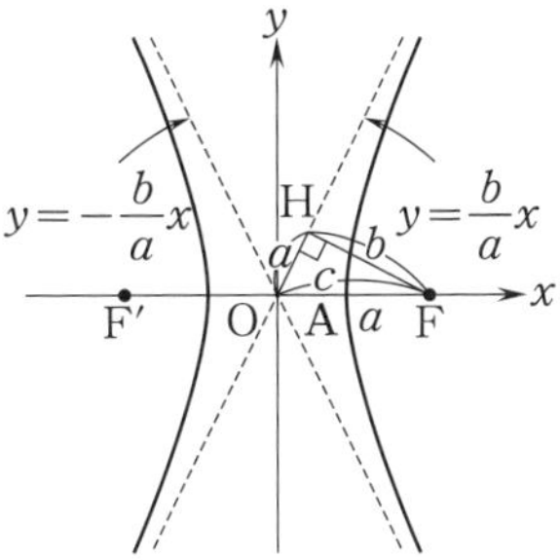

図のようにF, F′, Aを定め，Fから漸近線の一方に下ろした垂線の足をHとする．

楕円の場合と違い，双曲線では，グラフ中にbが現れないので考えにくいが，2焦点からの距離の差の一定値をlとすると，l=F′A−FA より，$l=2a$ であることがわかる．

また，図で，FH$=b$，OH$=a$ となることが知られている．

焦点から漸近線までの距離がb.

OF$=c$ であるから，三角形OHFに着目すると，
$a^2+b^2=c^2$ が成り立つ．

また，双曲線の方程式は，$\left(\frac{x}{a}+\frac{y}{b}\right)\left(\frac{x}{a}-\frac{y}{b}\right)=1$ と変形され，点$(x,\ y)$が原点から限りなく離れるとき，$\frac{x}{a}+\frac{y}{b}$，$\frac{x}{a}-\frac{y}{b}$ の一方は，絶対値が限りなく大きくなるから，もう一方は0に近づく．

よって，双曲線の漸近線は $\frac{x}{a}+\frac{y}{b}=0$ および $\frac{x}{a}-\frac{y}{b}=0$ となる．

解いてみよう㊹

答えは別冊25ページへ

次の双曲線について，その概形をかけ．また，焦点の座標，および漸近線の方程式を求めよ．

(1)　$x^2-y^2=1$.　　(2)　$4x^2-5y^2=-20$.

㊺ 放物線

(1) 次の放物線について，その概形をかけ．また，焦点の座標および準線の方程式を求めよ．

(i) $y^2 = -4x$.

(ii) $y = -x^2$.

(2) 原点を頂点とし，焦点が x 軸上にあって，点 $(2, 4)$ を通る放物線の方程式を求めよ．

 基本事項

$p \neq 0$ のとき，放物線 $y^2 = 4px$ は，

焦点 F からの距離と準線 l からの距離が等しい点の軌跡

であり，F の座標は $(p, 0)$，l の方程式は $x = -p$．

放物線 $x^2 = 4py$ についても同様に，焦点 F の座標は $(0, p)$，準線 l の方程式は，$y = -p$．

解答

(1)(i) $y^2 = 4 \cdot (-1)x$ より，

焦点は $(-1, 0)$，準線は $x = 1$．概形は右図の通り．

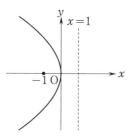

(ii) $x^2 = -y = 4 \cdot \left(-\dfrac{1}{4}\right)y$ より，

焦点は $\left(0, -\dfrac{1}{4}\right)$，準線は $y = \dfrac{1}{4}$．概形は右図の通り．

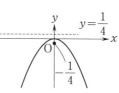

(2) 頂点が原点であり，焦点が x 軸上にあるから，放物線の方程式は，

$$y^2 = 4px \quad (p \neq 0)$$

の形で表される．

点 $(2, 4)$ を通るので,

$$4^2 = 4 \cdot p \cdot 2.$$

これを解いて,

$$p = 2$$

となるから,求める放物線の方程式は,

$$y^2 = 8x.$$

> $y^2 = 4 \cdot 2x.$

解説

$a > 0$ として,放物線 $y^2 = ax$ を考えよう.焦点を $F(p, 0)$,準線の方程式を $x = -p$ とする.

放物線上で x 座標が p で y 座標が正である点を A とすると,A は放物線上の点なので,

$$AF = (A の y 座標) = \sqrt{ap}.$$

一方,図で

$$AH = 2p.$$

放物線の定義より,$AF = AH$ であるから,

$$\sqrt{ap} = 2p.$$

よって,$a = 4p$ が成り立つ.

第5章

解いてみよう㊺　答えは別冊 26 ページへ

次の放物線について,その概形をかけ.また,焦点の座標および準線の方程式を求めよ.

(1)　$y^2 = 2x.$　　　　　　　　(2)　$y = 3x^2.$

2次曲線の平行移動

次の方程式が表す曲線の概形をかけ.

(1) $(x+2)^2+4y^2=4$.

(2) $x^2-y^2+2x+2y+1=0$.

2次曲線（楕円，双曲線，放物線）においても，

$$\begin{cases} \cdot x \text{を} x-a \text{に変えると，グラフは} x \text{軸方向に} a \text{だけ平行移動する.} \\ \cdot y \text{を} y-b \text{に変えると，グラフは} y \text{軸方向に} b \text{だけ平行移動する.} \end{cases}$$

グラフを平行移動すると，焦点，漸近線，準線なども同じだけ平行移動する.

解答

(1) $(x+2)^2+4y^2=4$ は，$x^2+4y^2=4$ を x 軸方向に (-2) だけ平行移動したものである.

$x^2+4y^2=4$ を変形すると，

$$\frac{x^2}{4}+y^2=1$$

となり，これは，長径の両端が $(\pm2, 0)$，短径の両端が $(0, \pm1)$ であり焦点が $(\pm\sqrt{3}, 0)$ の楕円を表す.

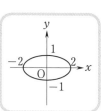

焦点は，
$(\pm\sqrt{2^2-1^2}, 0)$.

よって，$(x+2)^2+4y^2=4$ は，$(0, 0)$ および $(-4, 0)$ を長径の両端，$(-2, \pm1)$ を短径の両端，$(-2\pm\sqrt{3}, 0)$ を焦点とする楕円であり，概形は右図の通り.

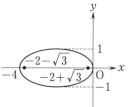

(2) $x^2-y^2+2x+2y+1=0$ を変形して，

$$x^2+2x-y^2+2y+1=0.$$
$$(x+1)^2-1-(y-1)^2+1+1=0.$$
$$(x+1)^2-(y-1)^2=-1.$$

よって，$x^2-y^2+2x+2y+1=0$ は，双曲線 $x^2-y^2=-1$

を x 軸方向に (-1), y 軸方向に 1 だけ平行移動したもので
ある.

双曲線 $x^2-y^2=-1$ は,漸近線 $x+y=0$, $x-y=0$, 焦
点 $(0, \pm\sqrt{2})$ の双曲線であるから,$x^2-y^2+2x+2y+1=0$
は,漸近線 $(x+1)+(y-1)=0$, $(x+1)-(y-1)=0$, すな
わ ち $x+y=0$, $x-y+2=0$,焦 点 $(-1, 1\pm\sqrt{2})$ の 双 曲
線であり,概形は下図の通り.

> 焦点は,
> $(0, \pm\sqrt{1^2+1^2})$.

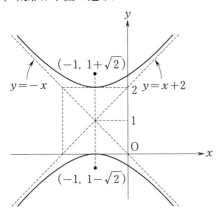

解説

(1)は,式の形から,$x^2+4y^2=4$ を x 軸方向に (-2) だけ
平行移動したものであることはすぐにわかる.

(2)についても,(1)と同様の形に変形することを考えればよ
い.解答に示したように,x, y それぞれについて平方完成す
れば,どんな平行移動をしたものであるかを判断することがで
きる.

解いてみよう㊻ 答えは別冊 26 ページへ

次の 2 次曲線について,その概形をかけ.また,焦点の座標を求めよ.

(1) $2x^2+y^2-8x-2y+1=0$.

(2) $2x^2-y^2-4x+4y=0$.

2次曲線の決定

次の条件をみたす2次曲線の方程式を求めよ.

(1) 2点 $(1, 1)$, $(1, 3)$ を焦点とし,原点を通る楕円.

(2) 2焦点が y 軸上にあり,原点を通る双曲線で,直線 $y=2x+1$ を1つの漸近線とするもの.

基本事項

2次曲線の方程式を決定するには,まず,基本となる2次曲線をどのように平行移動したものであるかを調べることが有効であることが多い.

楕円,双曲線 ⟶ 中心の座標を調べる.

放物線   ⟶ 頂点の座標を調べる.

(1) 楕円の中心は,2焦点を結ぶ線分の中点,すなわち $(1, 2)$ である.よって,この楕円は,原点を中心とするある楕円 C_0 を x 軸方向に1,y 軸方向に2平行移動したものである.

C_0 の焦点は $(0, -1)$,$(0, 1)$ であり,C_0 は $(-1, -2)$ を通る.

C_0 の方程式を

$$\frac{x^2}{a^2}+\frac{y^2}{b^2}=1 \quad (a>0, \ b>0)$$

とおくと,条件より,

$$\begin{cases} \sqrt{b^2-a^2}=1, & \cdots① \\ \dfrac{1}{a^2}+\dfrac{4}{b^2}=1. & \cdots② \end{cases}$$

① より,$b^2=a^2+1$. $\cdots③$

② に代入して,

$$\frac{1}{a^2}+\frac{4}{a^2+1}=1.$$
$$(a^2+1)+4a^2=a^2(a^2+1).$$
$$a^4-4a^2-1=0.$$

$$a^2 = 2 \pm \sqrt{5}.$$

$a^2 > 0$ より, $a^2 = 2 + \sqrt{5}$.

これと ③ より $b^2 = 3 + \sqrt{5}$.

以上より,

$$C_0 : \frac{x^2}{2+\sqrt{5}} + \frac{y^2}{3+\sqrt{5}} = 1$$

であり, 求める方程式は,

$$\frac{(x-1)^2}{2+\sqrt{5}} + \frac{(y-2)^2}{3+\sqrt{5}} = 1.$$

(2) 双曲線の中心は, 2焦点を結ぶ直線上, すなわち y 軸上にあり, また, 漸近線である直線 $y = 2x + 1$ 上にもある.

よって, 中心は $(0, 1)$.

よって, この双曲線は, 原点を中心とするある双曲線 C_0 を y 軸方向に 1 平行移動したものである.

C_0 の 2焦点は y 軸上にあり, 漸近線の一方は $y = 2x$ であり, C_0 は $(0, -1)$ を通る.

条件より, C_0 の漸近線は $y = 2x$, $y = -2x$ であり, C_0 の方程式は,

$$(2x - y)(2x + y) = k$$

とおける. C_0 が $(0, -1)$ を通ることから,

$$(0+1)(0-1) = k.$$
$$k = -1.$$

よって,

$$C_0 : (2x - y)(2x + y) = -1,$$

すなわち,

$$C_0 : 4x^2 - y^2 = -1$$

であり, 題意の双曲線は, C_0 を y 軸方向に 1 だけ平行移動したものであるから, 求める方程式は,

$$4x^2 - (y-1)^2 = -1.$$

解いてみよう㊼　答えは別冊 27 ページへ

条件をみたす 2 次曲線の方程式を求めよ.

(1) $(1, 3)$, $(1, -3)$ を 2 焦点とし, 短軸の長さが 4 の楕円.

(2) y 軸を準線とし, 頂点が $(1, 1)$ である放物線.

2次曲線の接線

次の2次曲線の，指定された点における接線の方程式を求めよ．

(1) 楕円 $x^2+\dfrac{y^2}{4}=1$, $\left(\dfrac{1}{2},\ \sqrt{3}\right)$.

(2) 双曲線 $x^2-4(y-1)^2=4$, $(4,\ -\sqrt{3}+1)$.

(3) 放物線 $(y-1)^2=2x$, $(2,\ 3)$.

基本事項

楕円 $\dfrac{x^2}{a^2}+\dfrac{y^2}{b^2}=1$ の，点 $(p,\ q)$ における接線は，

$$\dfrac{px}{a^2}+\dfrac{qy}{b^2}=1. \quad \left(ただし，\ \dfrac{p^2}{a^2}+\dfrac{q^2}{b^2}=1\right)$$

双曲線 $\dfrac{x^2}{a^2}-\dfrac{y^2}{b^2}=\pm1$ の，点 $(p,\ q)$ における接線は，

$$\dfrac{px}{a^2}-\dfrac{qy}{b^2}=\pm1. \quad \left(ただし，\ \dfrac{p^2}{a^2}-\dfrac{q^2}{b^2}=\pm1\right)$$

放物線 $y^2=4ax$ の，点 $(p,\ q)$ における接線は，

$$qy=4a\cdot\dfrac{x+p}{2}. \quad \left(ただし，\ q^2=4ap\right)$$

(1) $\dfrac{1}{2}x+\dfrac{\sqrt{3}}{4}y=1$.

(2) $4x-4(-\sqrt{3}+1-1)(y-1)=4$,

すなわち，

$$x+\sqrt{3}\,(y-1)=1.$$

(3) $(3-1)(y-1)=2\cdot\dfrac{x+2}{2}$,

すなわち，

$$2(y-1)=x+2.$$

解説

　原点を中心とする楕円，双曲線については，曲線上の点 (p, q) における接線は，曲線の方程式の x^2，y^2 を px，qy に変えれば得られる.

　　　　　２次曲線の接線は，一方のみ座標に変える

と覚えておけばよい.

$$x^2 = x \cdot x \to px,$$
$$y^2 = y \cdot y \to qy.$$

　原点を頂点とする放物線の場合は，曲線の方程式に x^2，y^2 でない形で x や y が現れる. これについては，「一方のみ」は通用しないので，

　　　　　　　半分だけ座標に変える

$$x = \frac{x+x}{2} \to \frac{x+p}{2}.$$

ことで接線の方程式となる.

　また，中心，頂点が原点以外の点である２次曲線については，中心，頂点が原点である２次曲線の接線を考えて，それを平行移動すれば求められる. 例えば(2)については次のようになる.

$$x^2 - 4(y-1)^2 = 4$$
$$\left(4, -\sqrt{3}+1\right)$$
$$x^2 - 4y^2 = 4$$
$$\left(\frac{x^2}{2^2} - \frac{y^2}{1^2} = 1\right) \quad \left(4, -\sqrt{3}\right)$$

　　　　　双曲線 $x^2 - 4(y-1)^2 = 4$

は，原点を中心とする双曲線 $C_0 : x^2 - 4y^2 = 4$ を，y 軸方向に１だけ平行移動したものである.

　C_0 の $\left(4, -\sqrt{3}\right)$ における接線は，

$$4x - 4(-\sqrt{3})y = 4,$$

すなわち，

$$x + \sqrt{3}\,y = 1.$$

　求める接線は，これを y 軸方向に１だけ平行移動したものであるから，その方程式は，

$$x + \sqrt{3}\,(y-1) = 1.$$

$$(x-k)^2 = (x-k)(x-k)$$
$$\to (p-k)(x-k).$$
$$(y-l)^2 = (y-l)(y-l)$$
$$\to (q-l)(y-l).$$

　しかし，これでは少々面倒なので，次のようにしてすぐに接線の方程式を作れるようにしておく方がよい.

　① $(x-k)^2$，$(y-l)^2$ については，一方のみ x，y を座標に変える.

　② $x-k$，$y-l$ が２乗しない形で現れるときは，x，y を半分だけ座標に変える.

$$x - k = \frac{x+x-2k}{2} \to$$
$$\frac{x+p-2k}{2}.$$
$$y - l = \frac{y+y-2l}{2} \to$$
$$\frac{y+q-2l}{2}.$$

解いてみよう㊽　　答えは別冊 27 ページへ

　次の２次曲線の，指定された点における接線の方程式を求めよ.

(1) $\dfrac{x^2}{3} + \dfrac{y^2}{2} = 1$，$\left(1, -\dfrac{2}{\sqrt{3}}\right)$.　　　(2) $(x+1)^2 - (y-1)^2 = 3$，$(-3, 2)$.

(3) $(x+2)^2 = 8y$，$\left(-4, \dfrac{1}{2}\right)$.

第5章

曲線の媒介変数表示

媒介変数 t を用いて次のように表される曲線の概形をかけ.

(1) $\begin{cases} x = 1 + 2\cos t, \\ y = -1 + \sin t. \end{cases}$

(2) $\begin{cases} x = \dfrac{2}{\cos t}, \\ y = 3\tan t. \end{cases}$

基本事項

曲線上の点の座標 (x, y) が, 1つの変数 t の式で,

$$x = f(t), \quad y = g(t)$$

の形で表されるとき, これを曲線の媒介変数表示という.

また, t を媒介変数 (パラメーター) という.

次の曲線の媒介変数表示はよく利用される.

原点中心, 半径 r の円

$$\begin{cases} x = r\cos t, \\ y = r\sin t. \end{cases}$$

楕円 $\dfrac{x^2}{a^2} + \dfrac{y^2}{b^2} = 1$

$$\begin{cases} x = a\cos t, \\ y = b\sin t. \end{cases}$$

双曲線 $\dfrac{x^2}{a^2} - \dfrac{y^2}{b^2} = 1$

$$\begin{cases} x = \dfrac{a}{\cos t}, \\ y = b\tan t. \end{cases}$$

解答

(1) $\begin{cases} x = 1 + 2\cos t, \\ y = -1 + \sin t \end{cases}$ より, $\begin{cases} \cos t = \dfrac{x-1}{2}, \\ \sin t = y + 1. \end{cases}$

これらを $\cos^2 t + \sin^2 t = 1$ に代入して,

$$\frac{(x-1)^2}{4} + (y+1)^2 = 1.$$

よって, 曲線は, 楕円

$\dfrac{(x-1)^2}{4} + (y+1)^2 = 1$ であり,

概形は右図のようになる.

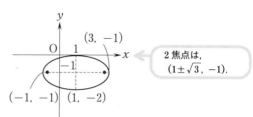

2 焦点は,
$(1 \pm \sqrt{3}, \ -1).$

(2) $\begin{cases} x = \dfrac{2}{\cos t}, \\[2mm] y = 3\tan t \end{cases}$ より, $\begin{cases} \dfrac{1}{\cos t} = \dfrac{x}{2}, \\[2mm] \tan t = \dfrac{y}{3}. \end{cases}$

これらを $\dfrac{1}{\cos^2 t} - \tan^2 t = 1$ に代入して,

$$\frac{x^2}{4} - \frac{y^2}{9} = 1.$$

$1 + \tan^2 t = \dfrac{1}{\cos^2 t}$
より
$\dfrac{1}{\cos^2 t} - \tan^2 t = 1.$

よって, 曲線は, 双曲線

$\dfrac{x^2}{4} - \dfrac{y^2}{9} = 1$ であり, 概形は右図の

ようになる.

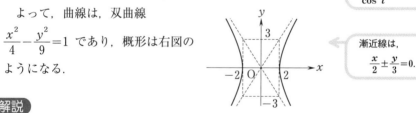

漸近線は,
$\dfrac{x}{2} \pm \dfrac{y}{3} = 0.$

解説

媒介変数表示で表された曲線の概形をかくには, 媒介変数表示から媒介変数を消去して, x, y の方程式を作ればよい.

$\sin t$, $\cos t$ の式 $\longrightarrow \cos^2 t + \sin^2 t = 1$ を利用する.

$\cos t$, $\tan t$ の式 $\longrightarrow \dfrac{1}{\cos^2 t} - \tan^2 t = 1$ を利用する.

なお, 媒介変数 t が簡単には消去できない場合は, 具体的な値をいくつか t に代入して, 曲線上の点の座標をいくつか求めてみると, イメージがつかみやすくなることもある.

解いてみよう㊾　答えは別冊 28 ページへ

媒介変数 t を用いて次のように表される曲線の概形をかけ.

(1) $\begin{cases} x = 3 - \cos t, \\ y = 2\sin t. \end{cases}$

(2) $\begin{cases} x = 1 + \dfrac{1}{\cos t}, \\[2mm] y = -2 + 2\tan t. \end{cases}$

 ㊿ 極座標

---

(1) 次の極座標をもつ点の直交座標を求めよ.

(i) $\left(2, \dfrac{\pi}{2}\right)$.　　　　　　　(ii) $\left(4, \dfrac{4}{3}\pi\right)$.

(2) 次の直交座標をもつ点の極座標を求めよ.

(i) $(3, -\sqrt{3})$.　　　　　　　(ii) $(-2, 0)$.

基本事項

　原点からの距離 r と方向 θ を定めると,点の位置が定まる.r と θ で点の位置を (r, θ) のように表すことができる.(r, θ) を極座標といい,極座標による点の表し方を極座標表示という.

[注] 正式には,極座標の基準の点は極といい,必ずしも原点と一致しなくてもよいが,本書では,極が原点である場合のみを扱う.このとき,

$$x = r\cos\theta,\quad y = r\sin\theta.$$

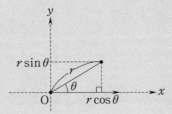

 解答

(1)(i)　$x = 2\cos\dfrac{\pi}{2} = 0,\quad y = 2\sin\dfrac{\pi}{2} = 2.$

　　　求める直交座標は,**$(0, 2)$**.

(ii)　$x = 4\cos\dfrac{4}{3}\pi = -2,\quad y = 4\sin\dfrac{4}{3}\pi = -2\sqrt{3}.$

　　　求める直交座標は,**$(-2, -2\sqrt{3})$**.

(2)(ⅰ)

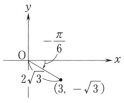

求める極座標は, $\left(2\sqrt{3}, -\dfrac{\pi}{6}\right)$.

(ⅱ)

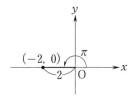

求める極座標は, $(2, \pi)$.

解説

「極座標 ⟶ 直交座標」では, $\begin{cases} x = r\cos\theta \\ y = r\sin\theta \end{cases}$ に r, θ の値を代入すれば, 直交座標が求まる.

「直交座標 ⟶ 極座標」においても, $\begin{cases} x = r\cos\theta \\ y = r\sin\theta \end{cases}$ に x, y の値を代入し, r, θ の連立方程式を考えてもよいのだが, 極座標の意味を考えれば, 図を利用して, 求める点の原点からの距離と方向を考える方が効率がよい.

なお, 極座標の r は負の値でもよいのだが, はじめのうちは $r \geqq 0$ の範囲で考える方がよい. また, θ は, 2π の整数倍だけの差があっても, 同じ点を表すことになる. すなわち,

$$(r, \theta) = (r, \theta + 2n\pi) \quad (n \text{ は整数}).$$

解いてみよう㊿　答えは別冊28ページへ

(1) 次の極座標をもつ点の直交座標を求めよ.

(ⅰ) $\left(3, -\dfrac{\pi}{2}\right)$.　　　　　(ⅱ) $\left(2\sqrt{2}, \dfrac{3}{4}\pi\right)$.

(2) 次の直交座標をもつ点の極座標を求めよ.

(ⅰ) $(1, \sqrt{3})$.　　　　　(ⅱ) $(-\sqrt{2}, -\sqrt{2})$.

(51) 極方程式

(1) 直交座標の方程式で表された次の図形の，極方程式を求めよ．

(i) 直線 $x+y=2$.

(ii) 円 $x^2+(y-1)^2=1$.

(2) 極方程式で表された次の図形の，直交座標での方程式を求めよ．

(i) $r\sin\left(\theta+\dfrac{\pi}{3}\right)=1$.

(ii) $r=2\cos\theta$.

基本事項

$$x=r\cos\theta,\ y=r\sin\theta.$$
$$r^2=x^2+y^2.$$

これらを用いて，

$$x,\ y \text{ の式} \longleftrightarrow r,\ \theta \text{ の式}$$

の変形をすればよい．

解答

(1)(i) $\boldsymbol{r\cos\theta+r\sin\theta=2}$.

(ii) $(r\cos\theta)^2+(r\sin\theta-1)^2=1$.

$$r^2(\cos^2\theta+\sin^2\theta)-2r\sin\theta+1=1.$$
$$r^2-2r\sin\theta=0.$$
$$r(r-2\sin\theta)=0.$$
$$r=0,\ 2\sin\theta.$$

まとめることができて，

$$\boldsymbol{r=2\sin\theta}.$$

(2)(i) $r\sin\left(\theta+\dfrac{\pi}{3}\right)=1$ より，

$$r\left(\sin\theta\cos\frac{\pi}{3}+\cos\theta\sin\frac{\pi}{3}\right)=1.$$
$$\frac{1}{2}r\sin\theta+\frac{\sqrt{3}}{2}r\cos\theta=1.$$

$r\cos\theta=x$, $r\sin\theta=y$ を代入して,

$$\frac{1}{2}y+\frac{\sqrt{3}}{2}x=1.$$

変形して,

$$\sqrt{3}\,x+y=2.$$

(ii)　$r=2\cos\theta$ の両辺に r をかけて,

$$r^2=2r\cos\theta.$$

$r^2=x^2+y^2$, $r\cos\theta=x$ を代入して,

$$x^2+y^2=2x.$$

変形して,

$$x^2+y^2-2x=0.$$

> $(x-1)^2+y^2=1$ と変形できる. この図形は, $(1,\,0)$ を中心とする, 半径 1 の円.

解説

直交座標の方程式を極方程式にする場合,

$$x=r\cos\theta, \quad y=r\sin\theta$$

を直交座標の方程式に代入すればよい.

解答では, (1)(ii) についてはその後で式を変形しているが, 極方程式を作ること自体は, 代入だけでもよい.

極方程式を直交座標の方程式にするときは, $r\cos\theta=x$, $r\sin\theta=y$ に加えて, $r^2=x^2+y^2$ を利用すると考えやすいことが多い.

なお,

$$\begin{cases} x=r\cos\theta \\ y=r\sin\theta \end{cases} \cdots (*)$$

を元にして考えると, 極方程式は, 媒介変数表示と考えられる場合もある.

例えば (2)(ii) においては, $r=2\cos\theta$ を $(*)$ に代入すると,

$$x=2\cos^2\theta, \quad y=2\cos\theta\sin\theta$$

となって, これは θ を媒介変数とする媒介変数表示である.

> $\begin{cases} x=\cos 2\theta+1, \\ y=\sin 2\theta \end{cases}$
> と変形できる.
> この式からも, この図形が円であることがわかる.

第5章

解いてみよう 51　答えは別冊 28 ページへ

次の極方程式が表す図形の直交座標での方程式を求めよ.

(1)　$r\sin\theta=1.$　　　　(2)　$r=\cos\theta+\sin\theta.$

第 5 章 テスト対策問題

1 $F(2, 0)$, $F'(-2, 0)$ とする.

(1) F, F' を 2 焦点とし, 点 $(2, 3)$ を通る楕円を C_1 とする. C_1 の方程式を求めよ.

(2) F, F' を 2 焦点とし, 点 $(2, 3)$ を通る双曲線を C_2 とする. C_2 の方程式を求めよ.

(3) 点 $(2, 3)$ における C_1, C_2 の接線の方程式をそれぞれ求めよ.

2 軸が x 軸で, 原点を焦点とする放物線 C があり, C は点 $(3, 4)$ を通るという. このとき, C の準線の方程式, および C の方程式を求めよ.

3 (1) 直角双曲線 $C_1 : xy = 1$ を極方程式で表せ.

(2) 直角双曲線 $C_2 : x^2 - y^2 = 1$ を極方程式で表せ.

(3) C_2 を原点中心に $\dfrac{\pi}{4}$ 回転し, $\sqrt{2}$ 倍に拡大すると, C_1 となることを示せ.

答えは別冊 29〜30 ページ

複素数平面 数学C

学習テーマ		学習時間	はじめる プラン	じっくり プラン	おさらい プラン
㊾	複素数平面	12分	1日目	1日目	1日目
㊿	絶対値と偏角	10分		2日目	
54	複素数平面と共役	15分	2日目	3日目	
55	n 乗と n 乗根	12分		4日目	
56	点の移動	14分	3日目	5日目	2日目
57	図形の移動	10分		6日目	

第 6 章

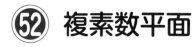

52 **複素数平面**

> $z=2-3i$, $w=3+4i$ とする. 次の複素数を複素数平面上に表せ.
>
> (1) z.　　　　　(2) w.　　　　　(3) $3z$.
>
> (4) $z+w$.　　　　(5) $z-w$.　　　　(6) $\overline{z}$.

 基本事項 ˅˅˅˅˅˅˅˅˅˅˅˅˅˅˅˅˅˅˅˅˅˅˅˅˅˅˅˅˅˅

　複素数 $x+yi$ (x, yは実数) を座標平面の点 (x, y) に対応させたものを**複素数平面**という. 複素数平面では, x軸を**実軸**, y軸を**虚軸**という. また, 複素数 z に対応する点Pを $\mathrm{P}(z)$ と表す. この点を**点z**といったり, 座標のかわりに (z) と表すこともある.

解答

$z=2-3i$, $w=3+4i$ より,
$$3z=6-9i,$$
$$z+w=5+i,$$
$$z-w=-1-7i,$$
$$\overline{z}=2+3i.$$
複素数平面に図示すると, 次のようになる.

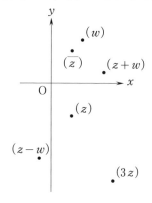

解説

　実数 x は数直線上に表すことができるが，複素数 $x+yi$ は
2 つの実数に対応するので，直線上に表すことはできない．

　実数に対する数直線を複素数に対応させたものが複素数平面
である．

　解答の図から見てとれるように，

　・点 $3z$ は O(0) を中心に点 z を 3 倍に拡大した点，

　・点 $z+w$ は，点 z，O(0)，点 w を隣接 3 頂点とする平行
　　四辺形の残り 1 頂点，

　・点 $z-w$ は，点 w から点 z にむかう移動と大きさ，向き
　　とも等しい移動を O(0) からして到達する点，

　・点 $\overline{z}$ は点 z を実軸に関して対称移動した点

である．

　複素数平面において，和，差，実数倍は，ベクトルの演算と
同様に定められる．

解いてみよう㊾　　答えは別冊 30 ページへ

　$z=1+2i$, $w=-1+i$ として，次の複素数を複素数平面上に表せ．

(1) z.

(2) w.

(3) $z+2w$.

(4) $3z+w$.

絶対値と偏角

$z=1+\sqrt{3}\,i,\ w=3-\sqrt{3}\,i$ とする．次の複素数を複素数平面上に表せ．また，その絶対値および偏角を求めよ．

ただし，偏角 θ は，$-\pi<\theta\leq\pi$ の範囲にとるものとする．

(1) z.   (2) w.   (3) zw.

複素数 z に対し，複素数平面での $\mathrm{O}(0)$ と点 z の距離を z の**絶対値**といい，$|z|$ で表す．また，$z\neq0$ のとき，動径 $\mathrm{O}(z)$ を表す角を z の**偏角**といい，$\arg z$ で表す．

解答

$z=1+\sqrt{3}\,i,\ w=3-\sqrt{3}\,i$ より，
$$zw=6+2\sqrt{3}\,i.$$
複素数平面に図示すると，次のようになる．

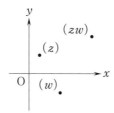

(1) $|z|=2,\ \arg z=\dfrac{\pi}{3}$.

(2) $|w|=2\sqrt{3},\ \arg w=-\dfrac{\pi}{6}$.

(3) $|zw|=4\sqrt{3},\ \arg zw=\dfrac{\pi}{6}$.

解説

0 以外の実数は，絶対値（正の実数）に符号（$+$ または $-$）がついたものであった．

ここで，実数の絶対値は数直線上で，原点 O との距離であ

り，符号は原点 O のどちら側かを表している.

　複素数についても同様に，複素数平面での原点 O との距離を絶対値，原点 O からどの向きの点かを偏角と定める.

$$|z|=r, \quad \arg z=\theta$$

であるとき，z の実部は $r\cos\theta$，z の虚部は $r\sin\theta$ となるから，

$$z=r\cos\theta+i\cdot r\sin\theta$$
$$=r(\cos\theta+i\sin\theta).$$

　複素数を，絶対値 r と偏角 θ を用いてこのように表すことを**極形式**という.

　実数の場合と同様に，積 zw について，その絶対値 $|zw|$ は，$|z|$ と $|w|$ の積である．また，$\arg zw$ は，$\arg z$ と $\arg w$ のみによって定まる.

　実際，

$$(\cos\theta_1+i\sin\theta_1)(\cos\theta_2+i\sin\theta_2)$$
$$=(\cos\theta_1\cos\theta_2-\sin\theta_1\sin\theta_2)+i(\sin\theta_1\cos\theta_2+\cos\theta_1\sin\theta_2)$$

より，

$$r_1(\cos\theta_1+i\sin\theta_1) \quad \text{と} \quad r_2(\cos\theta_2+i\sin\theta_2)$$

の積は，

$$r_1r_2\{\cos(\theta_1+\theta_2)+i\sin(\theta_1+\theta_2)\}$$

と表され，

$$\arg zw=\arg z+\arg w$$

が成り立つ.

第6章

解いてみよう㊝　　答えは別冊 30 ページへ

　$z=1-i$，$w=1+\sqrt{3}\,i$ とする．以下，偏角 θ は，$-\pi<\theta\leqq\pi$ の範囲にとるものとする.

(1)　z，w をそれぞれ極形式で表せ.

(2)　zw を極形式で表せ.

複素数平面と共役

---

(1) $z = x + yi$ (x, y は実数) であるとき，次の複素数を x, y を用いて表せ.

 (i) $\overline{z}$.   (ii) $z + \overline{z}$.   (iii) $z - \overline{z}$.

(2) z の極形式が $r(\cos\theta + i\sin\theta)$ であるとき，次の複素数を極形式で表せ.

 (i) $\overline{z}$.   (ii) $z\overline{z}$.

基本事項

 複素数 z に対し，その実部を変えずに虚部を -1 倍にした複素数を z の**共役複素数**といい，$\overline{z}$ と表す.

 z と $\overline{z}$ は，複素数平面においては，実軸について対称な点を表すから，
$$|\overline{z}| = |z|, \quad \arg\overline{z} = -\arg z.$$

解答

(1)(i) $\overline{z} = \boldsymbol{x - yi}$

 (ii) $z + \overline{z} = (x + yi) + (x - yi)$
      $= \boldsymbol{2x}$

 (iii) $z - \overline{z} = (x + yi) - (x - yi)$
      $= \boldsymbol{2yi}$.

(2)(i) $\overline{z} = \boldsymbol{r\{\cos(-\theta) + i\sin(-\theta)\}}$.

 (ii) $z\overline{z} = r \cdot r\{\cos(\theta - \theta) + i\sin(\theta - \theta)\}$
    $= \boldsymbol{r^2(\cos 0 + i\sin 0)}$.

 注 これは r^2 である.

解説

複素数 z の実部を $\mathrm{Re}\,z$，虚部を $\mathrm{Im}\,z$ で表す.

(1)(ii) より， $\mathrm{Re}\,z = \dfrac{z + \overline{z}}{2}$,

 (iii) より， $\mathrm{Im}\,z = \dfrac{z - \overline{z}}{2i}$.

また (2)(ii) より，
$$|z|^2 = z\overline{z}.$$

共役のもつこれらの性質を用いると，複素数の条件を別の形にいいかえることができる場合がある．

(例)

$$
\begin{aligned}
& |z+i|=|z-i| \\
\iff & |z+i|^2=|z-i|^2 \\
\iff & (z+i)\overline{(z+i)}=(z-i)\overline{(z-i)} \\
\iff & (z+i)(\overline{z}-i)=(z-i)(\overline{z}+i) \\
\iff & z\overline{z}-iz+i\overline{z}+1=z\overline{z}+iz-i\overline{z}+1 \\
\iff & -2iz+2i\overline{z}=0 \\
\iff & z-\overline{z}=0 \\
\iff & \mathrm{Im}\,z=0
\end{aligned}
$$

$\iff$「z は実数」

解いてみよう(54)　答えは別冊 31 ページへ

共役を利用して，

$$2|z-1|=|z-4|$$

をみたす複素数 z が複素数平面上で描く図形を求めよ．

128

 55 n 乗と n 乗根

---

(1) z の極形式が $r(\cos\theta + i\sin\theta)$ であるとき，z^5 を極形式で表せ.

(2) $z^5 = 1$ となるとき，z を極形式で表せ. ただし，偏角 θ は $0 \le \theta < 2\pi$ とする.

 基本事項

極形式の積
$$r_1(\cos\theta_1 + i\sin\theta_1) \cdot r_2(\cos\theta_2 + i\sin\theta_2) = r_1 r_2\{\cos(\theta_1 + \theta_2) + i\sin(\theta_1 + \theta_2)\}$$
をくり返し用いて，
$$\{r(\cos\theta + i\sin\theta)\}^n = r^n(\cos n\theta + i\sin n\theta)$$
が成り立つ.

解答

(1) $z^5 = r^5(\cos 5\theta + i\sin 5\theta).$

(2) $z^5 = 1.$

1 を極形式で表すと，
$$1 = 1(\cos 0 + i\sin 0).$$
よって，
$$\begin{cases} r^5 = 1, \\ 5\theta \text{ の動径は } 0 \text{ の動径と一致する.} \end{cases}$$
したがって，$r = 1$ であり，
$$5\theta = 2k\pi \quad (k \text{ は整数})$$
と表される.
$$0 \le \theta < 2\pi \text{ より，} 0 \le k < 5.$$
よって，$k = 0,\ 1,\ 2,\ 3,\ 4$ となり，

$$z=\begin{cases}\mathbf{1(\cos 0+i\sin 0)},\\ \mathbf{1\left(\cos\frac{2\pi}{5}+i\sin\frac{2\pi}{5}\right)},\\ \mathbf{1\left(\cos\frac{4\pi}{5}+i\sin\frac{4\pi}{5}\right)},\\ \mathbf{1\left(\cos\frac{6\pi}{5}+i\sin\frac{6\pi}{5}\right)},\\ \mathbf{1\left(\cos\frac{8\pi}{5}+i\sin\frac{8\pi}{5}\right)}.\end{cases}$$

解説

$z=r(\cos\theta+i\sin\theta)$ に対して，$z^n=1$ が成り立つとき，基本事項から，

$$r^n(\cos n\theta+i\sin n\theta)=1$$

より，

$$r=1,\ n\theta=2k\pi\ (k\text{ は整数}).$$

θ を $0\leqq\theta<2\pi$ の範囲にとることにすれば，

$$\theta=\frac{2k\pi}{n}\quad(k=0,\ 1,\ 2,\ \cdots,\ n-1)$$

となる．

このような z は n 個あり，それらは複素数平面上で，O (0) を中心とする半径1の円（単位円）に内接する正 n 角形の頂点をなす．

第6章

解いてみよう(55)　答えは別冊 31 ページへ

$z^3=8i$ をみたす複素数 z を極形式で表し，複素数平面上に表せ．ただし，偏角 θ は $0\leqq\theta<2\pi$ とする．

㊼ 点の移動

複素数平面上に，O(0)，A(1+2i)，B(3) がある．

(1) 三角形 OAP が正三角形となるような点 P(z) をとるとき，z を求めよ．

(2) 三角形 ABQ が正三角形となるような点 Q(w) をとるとき，w を求めよ．

基本事項

複素数平面において，点 z を原点 O のまわりに α 回転し，さらに k 倍に拡大した点を点 w とすると，

$$|w| = k|z|, \quad \arg w = \arg z + \alpha.$$

よって，

$$w = z \cdot k(\cos\alpha + i\sin\alpha).$$

原点 O のまわりではなく点 P(p) のまわりの回転・拡大の場合は，図形全体を $-p$ だけ平行移動して考えるとよい．

すなわち，

$$w - p = (z - p) \cdot k(\cos\alpha + i\sin\alpha).$$

解答

(1) P は，A を O 中心に $\pm\dfrac{\pi}{3}$ 回転した点であるから，

$$z = (1+2i)\left(\cos\frac{\pi}{3} + i\sin\frac{\pi}{3}\right)$$

$$= (1+2i)\left(\frac{1}{2} + \frac{\sqrt{3}}{2}i\right)$$

$$= \left(\frac{1}{2} - \sqrt{3}\right) + \left(1 + \frac{\sqrt{3}}{2}\right)i,$$

または

$$z = (1+2i)\left(\cos\frac{\pi}{3} - i\sin\frac{\pi}{3}\right)$$

$$= (1+2i)\left(\frac{1}{2} - \frac{\sqrt{3}}{2}i\right)$$

$$= \left(\frac{1}{2} + \sqrt{3}\right) + \left(1 - \frac{\sqrt{3}}{2}\right)i.$$

(2)　Q は，A を B 中心に $\pm\dfrac{\pi}{3}$ 回転した点であるから，

$$w-3=(-2+2i)\left(\dfrac{1}{2}+\dfrac{\sqrt{3}}{2}i\right)$$
$$=(-1-\sqrt{3})+(1-\sqrt{3})i,$$
$$w=(2-\sqrt{3})+(1-\sqrt{3})i$$

または

$$w-3=(-2+2i)\left(\dfrac{1}{2}-\dfrac{\sqrt{3}}{2}i\right)$$
$$=(-1+\sqrt{3})+(1+\sqrt{3})i,$$
$$w=(2+\sqrt{3})+(1+\sqrt{3})i.$$

解説

　基本事項のように，複素数平面を利用すると，ある点を中心とする回転・拡大について考えることができる．

　さらに，共役を利用すると，直線に関する対称移動を考えることも可能である．

・実軸に関する対称移動により，

　　　　　点 z は点 $\bar{z}$ に移る．

・α の動径に関する対称移動については，図形全体を $-\alpha$ だけ回転して考えるとよい．すなわち，点 z が点 w に移るとして，

$$w(\cos\alpha-i\sin\alpha)=\overline{z(\cos\alpha-i\sin\alpha)}.$$

第6章

解いてみよう㊶　答えは別冊 31 ページへ

　複素数平面を利用して，点 $(5, 5)$ を直線 $y=2x$ に関して対称に移動した点の座標を求めよ．

 図形の移動

直線 $x+2y=3$ を原点のまわりに $\dfrac{\pi}{3}$ だけ回転してできる直線の方程式を,複素数平面を利用して求めよ.

基本事項

前項の点の移動の内容と,軌跡の考え方を組み合わせることで,図形全体の移動について調べることができる.

解答

直線 $x+2y=3$ 上の点を $(a,\ b)$,$(a,\ b)$ を原点のまわりに $\dfrac{\pi}{3}$ 回転した点を $(X,\ Y)$ とする.

$$X+Yi=(a+bi)\left(\cos\frac{\pi}{3}+i\sin\frac{\pi}{3}\right)$$

より,

$$
\begin{aligned}
a+bi &= (X+Yi)\left(\cos\frac{\pi}{3}-i\sin\frac{\pi}{3}\right)\\
&= (X+Yi)\left(\frac{1}{2}-\frac{\sqrt{3}}{2}i\right)\\
&= \left(\frac{1}{2}X+\frac{\sqrt{3}}{2}Y\right)+\left(-\frac{\sqrt{3}}{2}X+\frac{1}{2}Y\right)i.
\end{aligned}
$$

これより,

$$
\begin{cases}
a=\dfrac{1}{2}X+\dfrac{\sqrt{3}}{2}Y,\\[2mm]
b=-\dfrac{\sqrt{3}}{2}X+\dfrac{1}{2}Y.
\end{cases} \quad \cdots(*)
$$

$a,\ b$ は,

$$a+2b=3$$

をみたす. $(*)$ を代入して,

$$\left(\frac{1}{2}X+\frac{\sqrt{3}}{2}Y\right)+2\left(-\frac{\sqrt{3}}{2}X+\frac{1}{2}Y\right)=3.$$

$$\left(\frac{1}{2}-\sqrt{3}\right)X+\left(\frac{\sqrt{3}}{2}+1\right)Y=3.$$

したがって，求める方程式は，

$$\boldsymbol{\left(\frac{1}{2}-\sqrt{3}\right)x+\left(\frac{\sqrt{3}}{2}+1\right)y=3.}$$

解いてみよう(57)　答えは別冊 32 ページへ

方程式 $x^2-2xy+y^2+x+y=0$ で表された図形 C を，原点のまわりに $\frac{\pi}{4}$ だけ回転してできる図形 D の方程式を求めよ．

第 6 章 テスト対策問題

1 $\left(\dfrac{1+\sqrt{3}\,i}{1+i}\right)^8$ を計算せよ．ただし，結果は $a+bi$ $(a,\ b$ は実数$)$ の形で表せ．

2 複素数 z についての方程式

$$z^4 = -1$$

を解け．

3 複素数 z について，$|z|=1$ であるとき，$z+\dfrac{1}{z}$ は実数であることを示せ．

4 0 でない複素数 $z_1,\ z_2$ が

$$z_1{}^2 - z_1 z_2 + z_2{}^2 = 0$$

をみたしている．

(1) $\dfrac{z_1}{z_2}$ の値を求めよ．

(2) $\mathrm{O}(0)$，$\mathrm{A}(z_1)$，$\mathrm{B}(z_2)$ とするとき，三角形 OAB はどんな三角形か．

答えは別冊 32〜33 ページ

第7章

ベクトル 数学C

第7章 テスト対策問題

1 三角形 ABC の辺 AB の中点を P とし,辺 AC を 2:1 に内分する点を Q とする.線分 BQ と線分 CP の交点を R とするとき,

$$\overrightarrow{AR} = s\overrightarrow{AB} + t\overrightarrow{AC}$$

を満たす実数 s,t の値を求めよ.

(愛媛大)

2 三角形 ABC において,∠A=60°,AB=8,AC=6 とする.三角形 ABC の垂心を H とするとき,$\overrightarrow{AH}$ を $\overrightarrow{AB}$,$\overrightarrow{AC}$ を用いて表せ.

(鳥取大)

3 平行四辺形 OABC について,辺 OA,CB を 1:2 に内分する点をそれぞれ D,F とし,辺 OC,AB を 3:2 に内分する点をそれぞれ G,E とする.線分 DF と線分 GE の交点を H,線分 AG と線分 CD の交点を I とする.$\overrightarrow{OA}=\vec{a}$,$\overrightarrow{OC}=\vec{c}$ とするとき,次の問に答えよ.

(1) $\overrightarrow{HB}$ を $\vec{a}$ と $\vec{c}$ を用いて表せ.

(2) $\overrightarrow{OI}$ を $\vec{a}$ と $\vec{c}$ を用いて表せ.

(3) 3 点 B,H,I は同一直線上にあることを示せ.

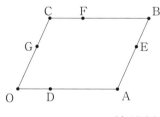

(名城大)

4 平面において，点 O を中心とする半径 1 の円周上に異なる 3 点 A，B，C がある．$\vec{a}=\overrightarrow{OA}$，$\vec{b}=\overrightarrow{OB}$，$\vec{c}=\overrightarrow{OC}$ とおくとき，

$$2\vec{a}+3\vec{b}+4\vec{c}=\vec{0}$$

が成り立つとする．

(1) 内積 $\vec{a}\cdot\vec{b}$，$\vec{b}\cdot\vec{c}$，$\vec{c}\cdot\vec{a}$ をそれぞれ求めよ．

(2) 三角形 ABC の面積を求めよ．

(名古屋市立大)

5 $\vec{a}$，$\vec{b}$ が $|\vec{a}-\vec{b}|=1$，$|3\vec{a}+2\vec{b}|=3$ を満たしている．

(1) $|\vec{a}|^2$ と $|\vec{b}|^2$ を $\vec{a}\cdot\vec{b}$ だけで表せ．

(2) $\vec{a}\cdot\vec{b}$ のとり得る値の範囲を求めよ．

(3) $|\vec{a}+\vec{b}|$ のとり得る値の範囲を求めよ．

(久留米大)

6 四面体 OABC において，辺 OA を $1:3$ に内分する点を D，辺 AB を $1:2$ に内分する点を E，辺 OC を $1:2$ に内分する点を F とする．

(1) $\overrightarrow{DE}$，$\overrightarrow{DF}$ を $\overrightarrow{OA}$，$\overrightarrow{OB}$ を用いて表せ．

(2) 3 点 D，E，F を通る平面と辺 BC の交点を G とするとき，$\overrightarrow{DG}$ を $\overrightarrow{DE}$，$\overrightarrow{DF}$ を用いて表せ．

(3) $\overrightarrow{BG}=k\overrightarrow{BC}$ とするとき，k の値を求めよ．

(明治大)

7 $\vec{a} = (3, -1, 2)$, $\vec{b} = (2, 2, 1)$ とする. t を実数とするとき, $|\vec{a} + t\vec{b}|$ の最小値を求めよ.

（札幌医科大）

8 $OA = OB = AC = BC = 3$, $OC = AB = 2$ である四面体 OABC を考える. $\vec{a} = \overrightarrow{OA}$, $\vec{b} = \overrightarrow{OB}$, $\vec{c} = \overrightarrow{OC}$, また 3 点 O, A, B が定める平面を α とするとき, 以下の問に答えよ.

(1) 内積 $\vec{a} \cdot \vec{b}$ および $\vec{a} \cdot \vec{c}$ をそれぞれ求めよ.

(2) $\overrightarrow{OP} = p\vec{a} + q\vec{b}$ とする. $\overrightarrow{CP}$ が平面 α に垂直となるように, p, q の値を定めよ.

（愛知教育大）

9 四面体 OABC において, $\overrightarrow{OA}$, $\overrightarrow{OB}$, $\overrightarrow{OC}$ をそれぞれ $\vec{a}$, $\vec{b}$, $\vec{c}$ とおく. これらは

$$|\vec{a}| = |\vec{b}| = 2, \quad |\vec{c}| = \sqrt{3}$$

および

$$\vec{a} \cdot \vec{b} = 0, \quad \vec{a} \cdot \vec{c} = \vec{b} \cdot \vec{c} = \frac{1}{2}$$

を満たすとする. 頂点 O から三角形 ABC を含む平面に垂線を引き, 交点を H とする.

(1) $|\overrightarrow{AB}|^2$, $|\overrightarrow{AC}|^2$, $\overrightarrow{AB} \cdot \overrightarrow{AC}$ の値をそれぞれ求めよ.

(2) 実数 s, t により $\overrightarrow{AH}$ が $\overrightarrow{AH} = s\overrightarrow{AB} + t\overrightarrow{AC}$ と表されるとき, $\overrightarrow{OH}$ を $\vec{a}$, $\vec{b}$, $\vec{c}$, s, t を用いて表せ.

(3) (2)の s, t の値をそれぞれ求めよ.

(4) 四面体 OABC の体積を求めよ.

（佐賀大）

答えは別冊 33〜38 ページ

ベイシス数学ⅢC

基本例題からきちんと学べる数学

改訂版

解答・解説編

河合出版

ベイシス数学IIIC

基本例題からきちんと学べる数学

改訂版

解答・解説編

河合出版

第1章　関　数

①

(1)

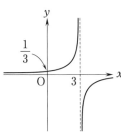

(2)

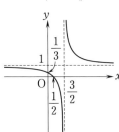

(3)

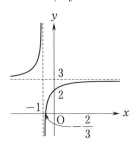

②

(1)

(2)

③

(1) $y = 3 - x$ を変形して,

$$x = 3 - y.$$

よって, 求める逆関数は,

$$\boldsymbol{y = 3 - x}.$$

定義域：$\boldsymbol{x}$ はすべての実数,

値 域：$\boldsymbol{y}$ はすべての実数.

(2) $y = 2\log_2 x$ を変形して,

$$\frac{y}{2} = \log_2 x.$$

$$x = 2^{\frac{y}{2}}.$$

よって, 求める逆関数は,

$$\boldsymbol{y = 2^{\frac{x}{2}}}.$$

注 $y = (\sqrt{2})^x$ でもよい.

定義域：$\boldsymbol{x}$ はすべての実数,

値 域：$\boldsymbol{y > 0}$.

(3) $y = x^2 - 2x$ を変形して,

$$(x-1)^2 - 1 = y.$$

$$(x-1)^2 = y + 1.$$

$x \leqq 1$ より, $x - 1 \leqq 0$ であるから,

$$x - 1 = -\sqrt{y+1}.$$

$$x = 1 - \sqrt{y+1}.$$

よって, 求める逆関数は,

$$\boldsymbol{y = 1 - \sqrt{x+1}}.$$

定義域：$\boldsymbol{x \geqq -1}$,

値 域：$\boldsymbol{y \leqq 1}$.

(4) $y = \dfrac{1}{2x+1}$ を変形して,

$$2x + 1 = \frac{1}{y}.$$

$$x = \frac{1}{2}\left(\frac{1}{y} - 1\right).$$

よって, 求める逆関数は,

$$\boldsymbol{y = \frac{1}{2}\left(\frac{1}{x} - 1\right)}.$$

元の関数 $y = \dfrac{1}{2x+1}$ は,

$-2 \leqq x \leqq -1$ において単調に減少し，$x=-2$ のとき $y=-\dfrac{1}{3}$，$x=-1$ のとき $y=-1$ であるから，元の関数の値域は $-1 \leqq y \leqq -\dfrac{1}{3}$.

よって，逆関数について，

定義域：$-1 \leqq x \leqq -\dfrac{1}{3}$，

値　域：$-2 \leqq y \leqq -1$.

④

(1)
$$
\begin{aligned}
f \circ g(x) &= f(g(x)) \\
&= f(2x) \\
&= 4^{2x},
\end{aligned}
$$
$$
\begin{aligned}
g \circ f(x) &= g(f(x)) \\
&= g(4^x) \\
&= 2 \cdot 4^x.
\end{aligned}
$$

(2) $h \circ g(x) = h(2x)$ であるから，条件より，
$$
\begin{aligned}
h(2x) &= f(x) \\
&= 4^x = 2^{2x}.
\end{aligned}
$$
よって，
$$
h(x) = 2^x.
$$

第1章　テスト対策問題

1

(1)
$$
\begin{aligned}
y &= \frac{2(x-3)+6}{x-3} \\
&= 2 + \frac{6}{x-3}
\end{aligned}
$$
と変形されるので，漸近線は，
$$
x=3, \quad y=2.
$$
グラフは次のようになる．

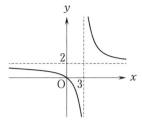

(2) (1)のグラフに，直線 $y=x+4$ を書き加えると，次のようになる．

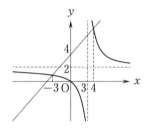

ここで，
$$
y = \frac{2x}{x-3}, \quad y = x+4
$$
の交点において，
$$
\begin{aligned}
\frac{2x}{x-3} &= x+4. \\
2x &= (x+4)(x-3). \\
2x &= x^2 + x - 12. \\
x^2 - x - 12 &= 0. \\
x &= -3, \ 4
\end{aligned}
$$
となることから，交点の x 座標を求めた．

直線が(1)のグラフの上方にくる x の値の範囲を求めて，
$$
-3 < x < 3, \quad 4 < x.
$$

注

不等式が $x+4 \geqq \dfrac{2x}{x-3}$ であれば，解は
$$
-3 \leqq x < 3, \quad 4 \leqq x
$$
となる．$x=3$ は解に含まれないので

注意すること.

2

(1)

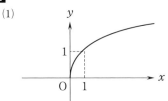

(2) 直線 $y=ax+b$ が, $1<x<4$ の範囲でのみ, (1)のグラフの下方になればよい.

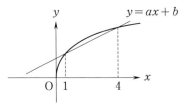

$y=ax+b$ が2点 $(1, 1)$, $(4, 2)$ を通るので,

$$\begin{cases} 1=a+b, \\ 2=4a+b. \end{cases}$$

これを解いて,

$$a=\frac{1}{3}, \quad b=\frac{2}{3}.$$

(3) (2)のグラフで, 直線 $y=ax+b$ が(1)のグラフの上方にあるような x の範囲を求めて,

$$0\leqq x<1, \quad 4<x.$$

3

(1) $$y=\frac{1}{ax+b} \quad (a\neq 0)$$

を変形して,

$$ax+b=\frac{1}{y}.$$

$$x=\frac{1}{ay}-\frac{b}{a}.$$

よって, 求める逆関数は,

$$f^{-1}(x)=\frac{1}{ax}-\frac{b}{a}.$$

(2) (1)より, $y=f^{-1}(x)$ の x 軸と平行な漸近線は,

$$y=-\frac{b}{a}.$$

よって, 条件より,

$$-\frac{b}{a}=1. \qquad \cdots ①$$

$$b=-a.$$

また, $y=f^{-1}(x)$ が $(2, 2)$ を通るから,

$$2=\frac{1}{2a}-\frac{b}{a}.$$

①を用いて,

$$2=\frac{1}{2a}+1.$$

これより, $a=\frac{1}{2}$ となるから,

$$a=\frac{1}{2}, \quad b=-\frac{1}{2}.$$

別解

$y=f(x)$ のグラフは, $y=f^{-1}(x)$ のグラフと直線 $y=x$ に関して対称であるから, 条件より $y=f(x)$ のグラフは,

・$x=1$ を漸近線にもち,

・$(2, 2)$ を通る.

よって,

$$f(x)=\frac{1}{a(x-1)}$$

と表され, $f(2)=2$ より

$$2=\frac{1}{a(2-1)}.$$

$$a=\frac{1}{2}.$$

以上より,

$$f(x)=\frac{1}{\frac{1}{2}x-\frac{1}{2}}$$

となって
$$a = \frac{1}{2}, \quad b = -\frac{1}{2}.$$

4

(1)
$$\begin{aligned}
f_2(x) &= f_1 \circ f_1(x) \\
&= f_1\left(\frac{1}{1-x}\right) \\
&= \frac{1}{1 - \dfrac{1}{1-x}} \\
&= \frac{1-x}{(1-x)-1} \\
&= \frac{x-1}{x}.
\end{aligned}$$

$$\begin{aligned}
f_3(x) &= f_1 \circ f_2(x) \\
&= f_1\left(\frac{x-1}{x}\right) \\
&= \frac{1}{1 - \dfrac{x-1}{x}} \\
&= \frac{x}{x-(x-1)} \\
&= x.
\end{aligned}$$

(2)
$$\begin{aligned}
f_4(x) &= f_1 \circ f_3(x) \\
&= f_1(x), \\
f_5(x) &= f_1 \circ f_4(x) \\
&= f_1(f_1(x)) \\
&= f_2(x), \\
f_6(x) &= f_1 \circ f_5(x) \\
&= f_1(f_2(x)) \\
&= f_3(x) \\
&= x
\end{aligned}$$

のようにくり返されるから，
$$\begin{aligned}
f_{10}(x) &= f_7(x) = f_4(x) = f_1(x) \\
&= \frac{1}{1-x}.
\end{aligned}$$

第2章 極 限

5

(1) $\displaystyle \lim_{n \to \infty} \frac{100}{\sqrt{n}} = 0.$

(2) $\displaystyle \lim_{n \to \infty} \frac{n^2 - 3n}{n+1} = \lim_{n \to \infty} \frac{n-3}{1 + \dfrac{1}{n}} = \infty.$

(3) $\displaystyle \lim_{n \to \infty}(n^3 - 3n^2 - n + 2)$
$$= \lim_{n \to \infty}\left\{ n^3\left(1 - \frac{3}{n} - \frac{1}{n^2} + \frac{2}{n^3}\right)\right\} = \infty.$$

(4) n が任意の整数のとき，$\sin n\pi = 0$ であるから，
$$\lim_{n \to \infty} \sin n\pi = 0.$$

6

無限等比級数が 0 以外の値に収束するので，
$$-1 < (公比) < 1 \qquad \cdots ①$$
をみたし，その極限は，$\dfrac{(初項)}{1-(公比)}.$

よって，条件より，
$$\frac{x}{1-(x-1)} = 3.$$
$$x = 3(2-x).$$

これを解いて，$x = \dfrac{3}{2}.$

（このとき，$(公比) = \dfrac{1}{2}$ であり，条件 ① をみたす.）

以上より，
$$x = \frac{3}{2}.$$

7

(1) $\displaystyle \lim_{n \to \infty} \frac{2^n - 3^n}{2^{2n} + 3^n} = \lim_{n \to \infty} \frac{2^n - 3^n}{4^n + 3^n}$

$$= \lim_{n \to \infty} \frac{\left(\dfrac{1}{2}\right)^n - \left(\dfrac{3}{4}\right)^n}{1 + \left(\dfrac{3}{4}\right)^n}$$

$$=0.$$

(2) $\displaystyle\lim_{n\to\infty}(\sqrt{n^2+n}-\sqrt{n^2+1})$

$$=\lim_{n\to\infty}\frac{(\sqrt{n^2+n}-\sqrt{n^2+1})(\sqrt{n^2+n}+\sqrt{n^2+1})}{\sqrt{n^2+n}+\sqrt{n^2+1}}$$

$$=\lim_{n\to\infty}\frac{(\sqrt{n^2+n})^2-(\sqrt{n^2+1})^2}{\sqrt{n^2+n}+\sqrt{n^2+1}}$$

$$=\lim_{n\to\infty}\frac{(n^2+n)-(n^2+1)}{\sqrt{n^2+n}+\sqrt{n^2+1}}$$

$$=\lim_{n\to\infty}\frac{n-1}{\sqrt{n^2+n}+\sqrt{n^2+1}}$$

$$=\lim_{n\to\infty}\frac{1-\dfrac{1}{n}}{\sqrt{1+\dfrac{1}{n}}+\sqrt{1+\dfrac{1}{n^2}}}$$

$$=\frac{1}{2}.$$

(3) $-\dfrac{1}{n+1}\leqq\dfrac{(-1)^n}{n+1}\leqq\dfrac{1}{n+1}$ であり,

$\displaystyle\lim_{n\to\infty}\left(-\frac{1}{n+1}\right)=\lim_{n\to\infty}\frac{1}{n+1}=0$ であるから, はさみうちの原理より,

$$\lim_{n\to\infty}\frac{(-1)^n}{n+1}=0.$$

⑧

(1) △ABC₀∽△AC₀C₁ であり, 相似比は

$$AB:AC_0=2:\sqrt{3}$$

であるから,

$$l_1=C_0C_1=\frac{\sqrt{3}}{2}BC_0=\frac{\sqrt{3}}{2}.$$

また, △AC₀C₁∽△AC₁C₂ であり, 相似比は

$$AC_0:AC_1=2:\sqrt{3}$$

であるから,

$$l_2=C_1C_2=\frac{\sqrt{3}}{2}C_0C_1=\frac{3}{4}.$$

(2) (1)と同様にして,

$$△AC_{n-1}C_n∽△AC_nC_{n+1},$$
$$AC_{n-1}:AC_n=2:\sqrt{3}$$

より,

$$l_{n+1}=C_nC_{n+1}=\frac{\sqrt{3}}{2}C_{n-1}C_n=\frac{\sqrt{3}}{2}l_n$$
$$(n=1,\ 2,\ 3,\ \cdots).$$

よって, 数列 $\{l_n\}$ は, 初項 $\dfrac{\sqrt{3}}{2}$,

公比 $\dfrac{\sqrt{3}}{2}$ の等比数列であり,

$$l_n=\frac{\sqrt{3}}{2}\left(\frac{\sqrt{3}}{2}\right)^{n-1}=\left(\frac{\sqrt{3}}{2}\right)^n.$$

(3) 等比数列 $\{l_n\}$ の公比 $\dfrac{\sqrt{3}}{2}$ は,

$$-1<\frac{\sqrt{3}}{2}<1$$

をみたすから, $\displaystyle\sum_{n=1}^{\infty}l_n$ は収束し,

$$\sum_{n=1}^{\infty}l_n=\frac{\dfrac{\sqrt{3}}{2}}{1-\dfrac{\sqrt{3}}{2}}=\frac{\sqrt{3}}{2-\sqrt{3}}=2\sqrt{3}+3.$$

⑨

(1) $\displaystyle\lim_{x\to\pi}\frac{\cos x}{x}=\frac{\cos\pi}{\pi}=-\frac{1}{\pi}.$

(2) $\displaystyle\lim_{x\to-2}\frac{x^3+8}{x^2-4}=\lim_{x\to-2}\frac{(x+2)(x^2-2x+4)}{(x+2)(x-2)}$

$$=\lim_{x\to-2}\frac{x^2-2x+4}{x-2}$$

$$=\frac{(-2)^2-2(-2)+4}{-2-2}$$

$$=-3.$$

(3) $\displaystyle\lim_{x\to0}\frac{\sqrt{1+x}-\sqrt{1-x}}{x}$

$$=\lim_{x\to0}\frac{(\sqrt{1+x}-\sqrt{1-x})(\sqrt{1+x}+\sqrt{1-x})}{x(\sqrt{1+x}+\sqrt{1-x})}$$

$$=\lim_{x\to0}\frac{(1+x)-(1-x)}{x(\sqrt{1+x}+\sqrt{1-x})}$$

$$=\lim_{x\to 0}\frac{2x}{x(\sqrt{1+x}+\sqrt{1-x})}$$

$$=\lim_{x\to 0}\frac{2}{\sqrt{1+x}+\sqrt{1-x}}$$

$$=\frac{2}{\sqrt{1+0}+\sqrt{1-0}}=\mathbf{1}.$$

(4) $\displaystyle\lim_{x\to+0}\frac{(x+2)^2-4}{|x|}=\lim_{x\to+0}\frac{(x+2)^2-4}{x}$

（$x>0$ のとき，$|x|=x$）

$$=\lim_{x\to+0}\frac{x^2+4x}{x}$$

$$=\lim_{x\to+0}(x+4)=\mathbf{4}.$$

⑩

$$\lim_{x\to 1-0}f(x)=\lim_{x\to 1-0}([x]-a)^2$$

$$=\lim_{x\to 1-0}(0-a)^2$$

（$0<x<1$ のとき，$[x]=0$）

$$=a^2,$$

$$\lim_{x\to 1+0}f(x)=\lim_{x\to 1+0}([x]-a)^2$$

$$=\lim_{x\to 1+0}(1-a)^2$$

（$1<x<2$ のとき，$[x]=1$）

$$=(1-a)^2,$$

$$f(1)=(1-a)^2.$$

$x=1$ において連続となるのは，
$\displaystyle\lim_{x\to 1-0}f(x)=\lim_{x\to 1+0}f(x)=f(1)$ となる
ときであり，

$$a^2=(1-a)^2$$

より，

$$a=\frac{1}{2}.$$

⑪

(1) $\displaystyle\lim_{x\to 0}\frac{x}{\sin 3x}=\lim_{x\to 0}\left(\frac{3x}{\sin 3x}\cdot\frac{x}{3x}\right)$

$$-1\cdot\frac{1}{3}=\frac{1}{3}.$$

(2) $x-\pi=t$ とおくと，$x\to\pi$ のとき

$t\to 0$ であり，$x=t+\pi$.

$$\lim_{x\to\pi}\frac{\sin x}{x-\pi}=\lim_{t\to 0}\frac{\sin(t+\pi)}{t}$$

$$=\lim_{t\to 0}\frac{-\sin t}{t}$$

$$=\lim_{t\to 0}\left(-\frac{\sin t}{t}\right)=\mathbf{-1}.$$

(3) $\displaystyle\lim_{x\to 0}\frac{1-e^{-x}}{\log(1-x)}$

$$=\lim_{x\to 0}\left\{\frac{-x}{\log(1-x)}\cdot\frac{e^{-x}-1}{-x}\cdot(-1)\right\}$$

$$=1\cdot 1\cdot(-1)=\mathbf{-1}.$$

⑫

$f(x)=2^x(3-x)$ とおく．$f(x)$ は
連続で，

$$f(0)=3>1,\ f(3)=0<1$$

であるから，中間値の定理により，

$$f(x)=1,\ 0<x<3$$

をみたす実数 x が存在する．

　よって，$f(x)=1$ は正の実数解をも
つ．

　また，

$$f(0)=3>1,\ f(-3)=2^{-3}\cdot 6=\frac{3}{4}<1$$

であるから，中間値の定理により

$$f(x)=1,\ -3<x<0$$

をみたす実数 x が存在する．

　よって，$f(x)=1$ は負の実数解をも
つ．

第 2 章　テスト対策問題

1

(1) $\displaystyle\frac{(n-1)(n^2+2)}{(n+1)(n^2-2)}=\frac{\left(1-\dfrac{1}{n}\right)\left(1+\dfrac{2}{n^2}\right)}{\left(1+\dfrac{1}{n}\right)\left(1-\dfrac{2}{n^2}\right)}$

であるから，
$$\lim_{n\to\infty}\frac{(n-1)(n^2+2)}{(n+1)(n^2-2)}=\frac{(1-0)(1+0)}{(1+0)(1-0)}$$
$$=1.$$

参考

$$(n-1)(n^2+2)=n^3-n^2+2n-2,$$
$$(n+1)(n^2-2)=n^3+n^2-2n-2$$
より，
$$\frac{(n-1)(n^2+2)}{(n+1)(n^2-2)}=\frac{n^3-n^2+2n-2}{n^3+n^2-2n-2}$$
$$=\frac{1-\dfrac{1}{n}+\dfrac{2}{n^2}-\dfrac{2}{n^3}}{1+\dfrac{1}{n}-\dfrac{2}{n^2}-\dfrac{2}{n^3}}$$

であり，これを利用することも可能である．

が，展開は不要なので，解答のように解く方が効率がよい．

(2)　$\dfrac{1}{\sqrt{4n^2-1}-2n}$

$$=\frac{\sqrt{4n^2-1}+2n}{(\sqrt{4n^2-1}-2n)(\sqrt{4n^2-1}+2n)}$$
$$=\frac{\sqrt{4n^2-1}+2n}{(4n^2-1)-4n^2}$$
$$=-(\sqrt{4n^2-1}+2n)$$

であるから，
$$\lim_{n\to\infty}\frac{1}{\sqrt{4n^2-1}-2n}=-\infty.\quad(\textbf{発散})$$

(3)　$\displaystyle\sum_{k=1}^{n}\frac{1}{k(k+1)}$

$$=\sum_{k=1}^{n}\left(\frac{1}{k}-\frac{1}{k+1}\right)$$
$$=\left(1-\frac{1}{2}\right)+\left(\frac{1}{2}-\frac{1}{3}\right)+\cdots+\left(\frac{1}{n}-\frac{1}{n+1}\right)$$
$$=1-\frac{1}{n+1}$$

であるから，

$$\lim_{n\to\infty}\sum_{k=1}^{n}\frac{1}{k(k+1)}=1-0$$
$$=1.$$

2

(1)　等比数列が収束する条件は，

（初項）$=0$　または　$-1<$（公比）$\leqq1$．

　よって，

　　$1+r=0$　または　$-1<r\leqq1$．

　これを解いて，求める r の範囲は，

　　　　$-1\leqq r\leqq1$．

　また，極限値は，

　・$1+r=0$　または　$-1<r<1$ のとき，

　つまり　$-1\leqq r<1$ のとき　0，

　・$1+r\neq0$　かつ　$r=1$　のとき，

　つまり　$r=1$　のとき，$1+r=2$．

　まとめて，

$$\lim_{n\to\infty}a_n=\begin{cases}0&(-1\leqq r<1),\\2&(r=1).\end{cases}$$

(2)　無限等比級数が収束する条件は，

（初項）$=0$　または　$-1<$（公比）<1．

　よって，

　　$1+r=0$　または　$-1<r<1$．

　これを解いて，求める r の範囲は，

　　　　$-1\leqq r<1$．

　また，極限値は，

　・$1+r=0$　のとき，0，

　・$-1<r<1$　のとき，$\dfrac{1+r}{1-r}$．

　まとめて，

$$\sum_{n=1}^{\infty}a_n=\frac{1+r}{1-r}.$$

3

(1)　$\dfrac{e^{3x}-1}{e^{2x}-1}=\dfrac{2x}{e^{2x}-1}\cdot\dfrac{e^{3x}-1}{3x}\cdot\dfrac{3}{2}$

であるから，

$$\lim_{x\to0}\frac{e^{3x}-1}{e^{2x}-1}=1\cdot1\cdot\frac{3}{2}=\frac{3}{2}.$$

別解

$$\frac{e^{3x}-1}{e^{2x}-1}=\frac{(e^x-1)(e^{2x}+e^x+1)}{(e^x-1)(e^x+1)}$$

$$=\frac{e^{2x}+e^x+1}{e^x+1}$$

であるから,

$$\lim_{x\to 0}\frac{e^{3x}-1}{e^{2x}-1}=\frac{1+1+1}{1+1}=\frac{3}{2}.$$

(2) $t=-x$ とおく.

$x\to-\infty$ のとき, $t\to+\infty$.

また, $x=-t$.

$$\sqrt{x^2+2x+3}+x$$

$$=\sqrt{t^2-2t+3}-t$$

$$=\frac{(\sqrt{t^2-2t+3}+t)(\sqrt{t^2-2t+3}-t)}{\sqrt{t^2-2t+3}+t}$$

$$=\frac{(t^2-2t+3)-t^2}{\sqrt{t^2-2t+3}+t}$$

$$=\frac{-2t+3}{\sqrt{t^2-2t+3}+t}$$

であり, $t>0$ のとき,

$$\sqrt{x^2+2x+3}+x=\frac{-2+\dfrac{3}{t}}{\sqrt{1-\dfrac{2}{t}+\dfrac{3}{t^2}}+1}$$

であるから,

$$\lim_{x\to-\infty}(\sqrt{x^2+2x+3}+x)$$

$$=\lim_{t\to+\infty}\frac{-2+\dfrac{3}{t}}{\sqrt{1-\dfrac{2}{t}+\dfrac{3}{t^2}}+1}$$

$$=\frac{-2+0}{1+1}=-1.$$

(3) $\dfrac{\log(\cos 2x)}{x^2}=\dfrac{\log(1-2\sin^2 x)}{x^2}$

$$=(-2)\cdot\frac{\log(1-2\sin^2 x)}{-2\sin^2 x}\cdot\left(\frac{\sin x}{x}\right)^2$$

であり, $x\to 0$ のとき $-2\sin^2 x\to 0$ であるから,

$$\lim_{x\to 0}\frac{\log(\cos 2x)}{x^2}=-2\cdot 1\cdot 1^2$$

$$=-2.$$

第3章　微分法

⑬

(1) 求める平均変化率は,

$$\frac{f(t)-f(1)}{t-1}=\frac{\log t-\log 1}{t-1}=\frac{\log t}{t-1}.$$

(2) 題意の接線の傾きは, $\displaystyle\lim_{t\to 1}\frac{\log t}{t-1}$.

$t=1+h$ とおくと, $t\to 1$ のとき $h\to 0$ であり,

$$\lim_{t\to 1}\frac{\log t}{t-1}=\lim_{h\to 0}\frac{\log(1+h)}{h}=1.$$

よって, 題意の接線は, $(1, 0)$ を通る傾き1の直線であり, その方程式は,

$$\boldsymbol{y=x-1}.$$

⑭

$$f'(x)=\lim_{h\to 0}\frac{e^{x+h}-e^x}{h}$$

$$=\lim_{h\to 0}\frac{e^x e^h-e^x}{h}$$

$$=\lim_{h\to 0}\left(e^x\cdot\frac{e^h-1}{h}\right)$$

$$=e^x\cdot 1=\boldsymbol{e^x}.$$

⑮

(1) $y=2\cdot 2^x+4^x$ より,

$$\boldsymbol{y'=2\cdot 2^x\log 2+4^x\log 4}.$$

(2) $\boldsymbol{y'=\dfrac{1}{\cos^2 x}-1}.$

$(y'=\tan^2 x$ でもよい$)$

(3) $y=\log_2 4+\log_2 x$ より,

$$\boldsymbol{y'=\dfrac{1}{x\log 2}}.$$

⑯

(1) $y' = (x)' \sin x + x(\sin x)' + (\cos x)'$
$= \sin x + x \cos x - \sin x = \boldsymbol{x \cos x}.$

(2) $y' = 3(e^x)' \sin x + 3e^x (\sin x)'$
$= 3e^x \sin x + 3e^x \cos x$
$= \boldsymbol{3e^x (\sin x + \cos x)}.$

⑰

(1) $y' = -\sin x \cdot \dfrac{1}{\cos^2 (\cos x)}$
$= -\dfrac{\boldsymbol{\sin x}}{\boldsymbol{\cos^2 (\cos x)}}.$

(2) $y' = \boldsymbol{2x \cdot e^{(x^2)}}.$

⑱

(1) $x^2 - y^2 = -1$ の両辺を x で微分して,
$$2x - \dfrac{dy}{dx} \cdot 2y = 0.$$
よって,
$$y \cdot \dfrac{dy}{dx} = x. \qquad \dfrac{\boldsymbol{dy}}{\boldsymbol{dx}} = \dfrac{\boldsymbol{x}}{\boldsymbol{y}}.$$

(2) (1)の結果より,(p, q) における

接線の傾きは,$\dfrac{p}{q}$.

(p, q) を通ることから,接線の方程式は,
$$y = \dfrac{p}{q}(x - p) + q$$
と表される.

両辺に q をかけて変形すると,
$$qy = p(x - p) + q^2.$$
$$px - qy = p^2 - q^2.$$
$p^2 - q^2 = -1$ であるから,接線の方程式は,
$$px - qy = -1$$
と表される.

⑲

(1) $\log y = x \log (x^2 + 1).$

両辺を x で微分して,
$$\dfrac{y'}{y} = \log (x^2 + 1) + x \cdot 2x \cdot \dfrac{1}{x^2 + 1}$$
$$= \log (x^2 + 1) + \dfrac{2x^2}{x^2 + 1}.$$
よって,
$$y' = \left\{ \log (x^2 + 1) + \dfrac{2x^2}{x^2 + 1} \right\} y$$
$$= \left\{ \boldsymbol{\log (x^2 + 1) + \dfrac{2x^2}{x^2 + 1}} \right\} \boldsymbol{(x^2 + 1)^x}.$$

(2) $\log y = \sin x \log x.$
両辺を x で微分して,
$$\dfrac{y'}{y} = \cos x \log x + \sin x \cdot \dfrac{1}{x}$$
$$= \cos x \log x + \dfrac{\sin x}{x}.$$
よって,
$$y' = \left(\cos x \log x + \dfrac{\sin x}{x} \right) y$$
$$= \left(\boldsymbol{\cos x \log x + \dfrac{\sin x}{x}} \right) \boldsymbol{x^{\sin x}}.$$

⑳

(1) $y' = (\cos x + 6x) \cdot 5(\sin x + 3x^2)^4$
$= \boldsymbol{5(\cos x + 6x)(\sin x + 3x^2)^4}.$

(2) $y' = \cos x + x(-\sin x) - \cos x$
$= \boldsymbol{-x \sin x}.$

(3) $y' = \dfrac{\cos x \cdot \cos x - (1 + \sin x)(-\sin x)}{\cos^2 x}$
$= \dfrac{\boldsymbol{1 + \sin x}}{\boldsymbol{\cos^2 x}}.$

(4) $y' = \dfrac{1}{2\sqrt{x}} \cdot \dfrac{1}{\cos^2 \sqrt{x}}$
$= \dfrac{\boldsymbol{1}}{\boldsymbol{2\sqrt{x} \cos^2 \sqrt{x}}}.$

(5) $y' = \boldsymbol{-2x e^{-x^2}}.$

(6) $y' = 3 \cdot \dfrac{1}{3x} = \dfrac{\boldsymbol{1}}{\boldsymbol{x}}.$

注 $y = \log 3 + \log x$ より $y' = \dfrac{1}{x}$.

(7) $y' = \dfrac{1}{x \log 2} \cdot \dfrac{1}{\log_2 x} = \dfrac{1}{x \log x}$.

注　$\log 2 \log_2 x = \log 2 \cdot \dfrac{\log x}{\log 2} = \log x$.

(8) $y' = \dfrac{1}{x} \cdot \dfrac{1}{\log x \log 2} = \dfrac{1}{x \log x \log 2}$.

㉑

(1) $y' = -e^{-x}$ より，題意の接線の傾きは $-e^{-1} = -\dfrac{1}{e}$ であり，接線の方程式は，

$$y = -\dfrac{1}{e}(x-1) + \dfrac{1}{e},$$

すなわち，

$$\boldsymbol{y = -\dfrac{1}{e}x + \dfrac{2}{e}}.$$

(2) $y' = \dfrac{1}{2\sqrt{x-1}}$ より，曲線 $y = \sqrt{x-1}$ の点 $(t,\ \sqrt{t-1})$ における接線の方程式は，

$$y = \dfrac{1}{2\sqrt{t-1}}(x-t) + \sqrt{t-1}. \quad \cdots (*)$$

これが原点を通るとき，$(*)$ に $(x,\ y) = (0,\ 0)$ を代入して，

$$0 = \dfrac{-t}{2\sqrt{t-1}} + \sqrt{t-1}.$$

$2\sqrt{t-1}$ をかけて変形すると，

$$0 = -t + 2(t-1).$$
$$t = 2.$$

$(*)$ に代入して，求める接線の方程式は，

$$\boldsymbol{y = \dfrac{1}{2}x}.$$

(3) $y' = 4x^3 - 6x^2$ より，曲線 $y = x^4 - 2x^3$ の点 $(t,\ t^4 - 2t^3)$ における接線の方程式は，

$$y = (4t^3 - 6t^2)(x-t) + t^4 - 2t^3. \quad \cdots (*)$$

これが $(2,\ 0)$ を通るとき，$(*)$ に

$(x,\ y) = (2,\ 0)$ を代入して，

$$0 = (4t^3 - 6t^2)(2-t) + t^4 - 2t^3.$$
$$(t-2)(4t^3 - 6t^2) - (t-2)t^3 = 0.$$
$$(t-2)(3t^3 - 6t^2) = 0.$$
$$3(t-2)^2 t^2 = 0.$$
$$t = 0,\ 2.$$

それぞれ，$(*)$ に代入して，求める接線の方程式は，

$$\boldsymbol{y = 0},$$
$$\boldsymbol{y = 8x - 16}.$$

㉒

(1) $y' = 2x \cdot \dfrac{1}{1+x^2} = \dfrac{2x}{1+x^2}$ より，y の増減は次の通り．

x	$\cdots$	0	$\cdots$
y'	$-$	0	$+$
y	$\searrow$	0	$\nearrow$

(2) $y' = \dfrac{2x(x+1) - x^2}{(x+1)^2} = \dfrac{x^2 + 2x}{(x+1)^2} = \dfrac{x(x+2)}{(x+1)^2}$ より，y の増減は次の通り．

x	$\cdots$	-2	$\cdots$	(-1)	$\cdots$	0	$\cdots$
y'	$+$	0	$-$	✕	$-$	0	$+$
y	$\nearrow$	-4	$\searrow$	✕	$\searrow$	0	$\nearrow$

㉓

(1) $f(x)$ の定義域は，$-1 \leqq x \leqq 1$.

$$f'(x) = 1 + 2 \cdot (-2x) \cdot \dfrac{1}{2\sqrt{1-x^2}}$$
$$= 1 - \dfrac{2x}{\sqrt{1-x^2}}.$$

$f'(x) = 0$ のとき，

$$\sqrt{1-x^2} = 2x.$$
$$1 - x^2 = 4x^2 \text{ かつ } 2x \geqq 0.$$
$$x = \dfrac{1}{\sqrt{5}}.$$

よって，$f(x)$ の増減は次のように
なる.

x	-1	$\cdots$	$\dfrac{1}{\sqrt{5}}$	$\cdots$	1
$f'(x)$		$+$	0	$-$	
$f(x)$	-1	↗	$\sqrt{5}$	↘	1

よって，
$$\begin{cases} \text{最大値} \quad \sqrt{5} \quad \left(x=\dfrac{1}{\sqrt{5}}\right), \\ \text{最小値} \quad -1 \quad (x=-1). \end{cases}$$

(2) $f'(x)=\dfrac{\cos x(2-\cos 2x)-\sin x\cdot 2\sin 2x}{(2-\cos 2x)^2}$

$\qquad =\dfrac{\cos x(3-2\cos^2 x)-4\sin^2 x\cos x}{(2-\cos 2x)^2}$

$\qquad =\dfrac{\cos x(3-2\cos^2 x-4+4\cos^2 x)}{(2-\cos 2x)^2}$

$\qquad =\dfrac{\cos x(2\cos^2 x-1)}{(2-\cos 2x)^2}.$

$f'(x)=0 \ (0<x<2\pi)$ のとき，

$\qquad \cos x=0,\ \pm\dfrac{1}{\sqrt{2}}.$

$x=\dfrac{\pi}{2},\ \dfrac{3}{2}\pi,\ \dfrac{\pi}{4},\ \dfrac{7}{4}\pi,\ \dfrac{3}{4}\pi,\ \dfrac{5}{4}\pi.$

よって，$f(x)$ の増減は次のように
なる.

x	0	$\cdots$	$\frac{\pi}{4}$	$\cdots$	$\frac{\pi}{2}$	$\cdots$	$\frac{3}{4}\pi$	$\cdots$	$\frac{5}{4}\pi$	$\cdots$	$\frac{3}{2}\pi$	$\cdots$	$\frac{7}{4}\pi$	$\cdots$	2π
$f'(x)$		$+$	0	$-$	0	$+$	0	$-$	0	$+$	0	$-$	0	$+$	
$f(x)$	0	↗	$\frac{1}{2\sqrt{2}}$	↘	$\frac{1}{3}$	↗	$\frac{1}{2\sqrt{2}}$	↘	$\frac{-1}{2\sqrt{2}}$	↗	$\frac{-1}{3}$	↘	$\frac{-1}{2\sqrt{2}}$	↗	0

よって，
$$\begin{cases} \text{最大値} \quad \dfrac{1}{2\sqrt{2}} \quad \left(x=\dfrac{\pi}{4},\ \dfrac{3}{4}\pi\right), \\ \text{最小値} \quad -\dfrac{1}{2\sqrt{2}} \quad \left(x=\dfrac{5}{4}\pi,\ \dfrac{7}{4}\pi\right). \end{cases}$$

㉔

(1) $y'=1+2\cos x$ であり，

$y'=0$ のとき，$\cos x=-\dfrac{1}{2}$ より，

$\qquad x=\dfrac{2}{3}\pi,\ \dfrac{4}{3}\pi.$

また，$y''=-2\sin x$ であり，
$y''=0 \ (0<x<2\pi)$ のとき，$x=\pi$.

x	0	$\cdots$	$\frac{2}{3}\pi$	$\cdots$	π	$\cdots$	$\frac{4}{3}\pi$	$\cdots$	2π
y'		$+$	0	$-$		$-$	0	$+$	
y''		$-$		$-$	0	$+$		$+$	
y	0	↗	↘	↘	π	↘	↗	↗	2π

$\qquad\qquad \frac{2}{3}\pi+\sqrt{3} \qquad\qquad \frac{4}{3}\pi-\sqrt{3}$

グラフの概形は次の通り.

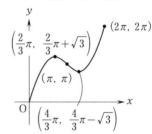

(2) $y'=-2xe^{-x^2}$ であり，
$\qquad y'=0$ のとき $x=0$.
$y''=-2\{e^{-x^2}+x\cdot(-2xe^{-x^2})\}$
$\qquad =-2e^{-x^2}(1-2x^2)$ であり，

$y''=0$ のとき，$x=\pm\dfrac{1}{\sqrt{2}}$.

x	$\cdots$	$-\frac{1}{\sqrt{2}}$	$\cdots$	0	$\cdots$	$\frac{1}{\sqrt{2}}$	$\cdots$
y'	$+$		$+$	0	$-$		$-$
y''	$+$	0	$-$		$-$	0	$+$
y	↗	$e^{-\frac{1}{2}}$	↗	1	↘	$e^{-\frac{1}{2}}$	↘

グラフの概形は次の通り.

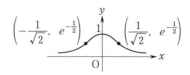

㉕

(1) $f(x)=\cos x-\left(1-\dfrac{x^2}{2}\right)$ とおく.

$$f'(x)=-\sin x+x.$$

あらためて $g(x)=f'(x)$ とおくと,
$g(x)=-\sin x+x,\ g'(x)=-\cos x+1.$

よって, $x>0$ において, $g'(x)\geqq0$ であり, 等号は, $x=2n\pi$ (n は自然数) のときにだけ成り立つ.

よって, $g(x)$ は $x\geqq0$ において単調に増加し, $g(0)=0$ とあわせて,
$$g(x)>0\ (x>0),$$
すなわち, $f'(x)>0\ (x>0).$

よって, $f(x)$ は $x\geqq0$ において単調に増加し, $f(0)=0$ とあわせて,
$$f(x)>0\ (x>0).$$
よって, $x>0$ において,
$$\cos x>1-\dfrac{x^2}{2}$$
が成り立つ.

(2) $x=0$ のとき $e^x=1$, $ax=0$ より $e^x\neq ax$.

よって, $x\neq0$ の範囲で考えればよい.

このとき,
$$e^x=ax \iff \dfrac{e^x}{x}=a.$$

$f(x)=\dfrac{e^x}{x}$ とおくと,
$$f'(x)=\dfrac{e^x(x-1)}{x^2}$$
より, $f(x)$ の増減は次のようになる.

x	$\cdots$	(0)	$\cdots$	1	$\cdots$
$f'(x)$	$-$		$-$	0	$+$
$f(x)$	$\searrow$		$\searrow$	e	$\nearrow$

$$\lim_{x\to-\infty}\dfrac{e^x}{x}=0,\ \lim_{x\to-0}\dfrac{e^x}{x}=-\infty,$$

$$\lim_{x\to+0}\dfrac{e^x}{x}=\infty,\ \lim_{x\to\infty}\dfrac{e^x}{x}=\infty$$

であるから, $y=f(x)$ のグラフの概形は次のようになる.

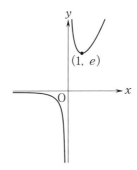

方程式 $\dfrac{e^x}{x}=a$ の実数解は, 曲線 $y=f(x)$ と直線 $y=a$ の共有点の x 座標であるから, 共有点の個数を考えて, 求める実数解の個数は,

$$\begin{cases} a>e & \text{のとき} \quad 2\,\text{個}, \\ a=e & \text{のとき} \quad 1\,\text{個}, \\ 0\leqq a<e\,\text{のとき} \quad 0\,\text{個}, \\ a<0 & \text{のとき} \quad 1\,\text{個}. \end{cases}$$

㉖

(1) $x=3\cos 2t$ とすると,

P の **速度** v は,
$$v=\dfrac{dx}{dt}=-6\sin 2t,$$

P の **加速度** a は,
$$a=\dfrac{dv}{dt}=-12\cos 2t.$$

(2) $a=3$ のとき,
$$-12\cos 2t=3$$
より,
$$\cos 2t=-\dfrac{1}{4}.$$

このとき,
$$\sin 2t=\pm\sqrt{1-\left(-\dfrac{1}{4}\right)^2}=\pm\dfrac{\sqrt{15}}{4}$$

であるから，求める速さは，

$$|v| = 6 \cdot \frac{\sqrt{15}}{4} = \frac{3}{2}\sqrt{15}.$$

第3章　テスト対策問題

1

(1) $f'(x) = (\sin x + x\cos x) - \sin x$
$= \boldsymbol{x\cos x}.$
$f''(x) = \boldsymbol{\cos x - x\sin x}.$

(2) $f'(x) = \cos x \cdot \dfrac{1}{\sin x} = \dfrac{\boldsymbol{\cos x}}{\boldsymbol{\sin x}}.$

$f''(x) = \dfrac{-\sin x \cdot \sin x - \cos x \cdot \cos x}{\sin^2 x}$

$= -\dfrac{1}{\boldsymbol{\sin^2 x}}.$

(3) $f'(x) = -e^{-x}\cos x - e^{-x}\sin x$
$= \boldsymbol{-e^{-x}(\sin x + \cos x)}.$
$f''(x) = e^{-x}(\sin x + \cos x)$
$\qquad\quad - e^{-x}(\cos x - \sin x)$
$= \boldsymbol{2e^{-x}\sin x}.$

(4) $f'(x) = \dfrac{1 \cdot (1+e^x) - x \cdot e^x}{(1+e^x)^2}$

$= \dfrac{\boldsymbol{1 + (1-x)e^x}}{\boldsymbol{(1+e^x)^2}}.$

$f''(x) = \dfrac{\{-e^x + (1-x)e^x\}(1+e^x)^2 - \{1+(1-x)e^x\}\cdot e^x \cdot 2(1+e^x)}{(1+e^x)^4}$

$= \dfrac{-xe^x(1+e^x) - 2e^x\{1+(1-x)e^x\}}{(1+e^x)^3}$

$= \dfrac{\boldsymbol{-(x+2)e^x + (x-2)e^{2x}}}{\boldsymbol{(1+e^x)^3}}.$

2

$y = \log(1+x)$ より，

$$y' = \frac{1}{1+x}.$$

(1) 接線の傾きは $\dfrac{1}{1+0} = 1.$

よって，求める接線の方程式は，

$$\boldsymbol{y = x}.$$

(2) $\dfrac{1}{1+x} = 2$ より，接点の x 座標は

$$x = -\frac{1}{2}.$$

このとき，

$$y = \log\left(1 - \frac{1}{2}\right)$$

$$= -\log 2.$$

よって，求める接線の方程式は，

$$y = 2\left(x + \frac{1}{2}\right) - \log 2,$$

つまり，　$\boldsymbol{y = 2x + 1 - \log 2}.$

(3) 接点の座標を

$$(t,\ \log(1+t))$$

とおく．

接線の方程式は，

$$y = \frac{1}{1+t}(x-t) + \log(1+t).$$

これが $(-1,\ 0)$ を通るとき，

$$0 = \frac{-1-t}{1+t} + \log(1+t).$$

$$\log(1+t) = 1.$$

$$t = e-1.$$

よって，求める接線の方程式は，

$$y = \frac{1}{e}(x - e + 1) + \log e,$$

すなわち，

$$\boldsymbol{y = \frac{1}{e}(x+1)}.$$

3

(1) $f'(x) = 2e^{2x} - 6e^x + 4$
$\qquad\quad = 2(e^x - 1)(e^x - 2)$

であるから，$f(x)$ の増減は次のようになる．

x	$\cdots$	0	$\cdots$	$\log 2$	$\cdots$
$f'(x)$	$+$	0	$-$	0	$+$
$f(x)$	↗		↘		↗

$f(x)$ の極値は，

極大値 $f(0)=-5$，

極小値 $f(\log 2)=-8+4\log 2$.

(2) (1)で調べた増減，および

$f(0)=-5<0$ より，

$f(x)=0$ は，$x\leqq\log 2$ の範囲には実数解をもたない.

また，

$$f(\log 2)<f(0)<0,$$
$$\lim_{x\to\infty}f(x)=\lim_{x\to\infty}\{e^x(e^x-6)+4x\}=+\infty$$

であるから，(1)の増減表より，

$f(x)=0$ は，$x>\log 2$ の範囲にはただ 1 つの実数解をもつ.

以上より，$f(x)=0$ はただ 1 つの実数解をもつ.

ここで，

$$f(1)=e^2-6e+4$$
$$=(e-6)e+4$$

であり，

$$e-6<-3,\ e>2$$

より，

$$f(1)<-3\cdot2+4=-2<0.$$

また，

$$f(2)=e^4-6e^2+8$$
$$=(e^2-2)(e^2-4)$$

であり，$e^2>4$ より，

$$f(2)>0$$

したがって，$1<\alpha<2$ とわかるから，求める α の整数部分は，

1.

4

(1)　$f_1(x)=\cos x-\left(1-\dfrac{1}{2}x^2\right)$

$$=\cos x+\dfrac{1}{2}x^2-1$$

とおく.

$$f_1{}'(x)=-\sin x+x.$$

あらためて

$$g_1(x)=-\sin x+x$$

とおくと，

$$g_1{}'(x)=-\cos x+1\geqq0$$

等号は，x が 2π の整数倍のときに限り成り立つ.

よって，$g_1(x)$ は単調増加であり，

$$g_1(0)=-\sin0+0=0$$

であるから，

$$g_1(x)>0\quad(x>0),$$
$$g_1(x)<0\quad(x<0).$$

これで $f_1{}'(x)$ の符号が得られたので，$f(x)$ の増減がわかり，増減は次のようになる.

x	$\cdots$	0	$\cdots$
$f_1{}'(x)$	$-$	0	$+$
$f_1(x)$	↘	0	↗

表より，すべての実数 x に対し $f_1(x)\geqq0$ であるから，題意は示された.

(2)　$f_2(x)=\cos x-\left(1-\dfrac{1}{3}x^2\right)$

$$=\cos x+\dfrac{1}{3}x^2-1$$

とおく.

$$f_2{}'(x)=-\sin x+\dfrac{2}{3}x.$$

あらためて

$$g_2(x)=-\sin x+\dfrac{2}{3}x$$

とおくと，

$$g_2{}'(x)=-\cos x+\dfrac{2}{3}.$$

これより, $g_2{}'(0)<0$ であり,
$y=g_2(x)$ のグラフは原点を通り, 原点における接線の傾きは負.

これより, 十分 0 に近いある正の値 a について,

$$g_2(x)<0 \quad (0\leqq x\leqq a)$$

が成り立ち, $f_2(x)$ は $0\leqq x\leqq a$ で単調に減少する.

$f_2(0)=0$ より,

$$f_2(a)<0.$$

よって, $k=\dfrac{1}{3}$ のとき, (*) が成り立たない実数 $x=a$ が存在する.

第4章 積分法

㉗

(1) $\displaystyle\int x^{\pi}\,dx=\dfrac{1}{\pi+1}x^{\pi+1}+C$

(C は積分定数).

(2) $\displaystyle\int\left(2-\dfrac{1}{x}\right)^2 dx=\int\left(4-\dfrac{4}{x}+\dfrac{1}{x^2}\right)dx$

$$=4x-4\log|x|-\dfrac{1}{x}+C$$

(C は積分定数).

(3) $\displaystyle\int(x+1)^2\sqrt{x}\,dx$

$$=\int(x^2+2x+1)\sqrt{x}\,dx$$

$$=\int\left(x^{\frac{5}{2}}+2x^{\frac{3}{2}}+x^{\frac{1}{2}}\right)dx$$

$$=\dfrac{2}{7}x^{\frac{7}{2}}+\dfrac{4}{5}x^{\frac{5}{2}}+\dfrac{2}{3}x^{\frac{3}{2}}+C$$

$$=\left(\dfrac{2}{7}x^2+\dfrac{4}{5}x+\dfrac{2}{3}\right)x\sqrt{x}+C$$

(C は積分定数).

㉘

(1) $\displaystyle\int 2^x(3^x-4^x)\,dx$

$$=\int(6^x-8^x)\,dx$$

$$=\dfrac{1}{\log 6}\cdot 6^x-\dfrac{1}{\log 8}\cdot 8^x+C$$

(C は積分定数).

(2) $\displaystyle\int\tan^2 x\,dx$

$$=\int\left(\dfrac{1}{\cos^2 x}-1\right)dx$$

$$=\tan x-x+C \quad (C \text{ は積分定数}).$$

(3) $\displaystyle\int 2\sin\left(x+\dfrac{\pi}{6}\right)dx$

$$=\int(\sqrt{3}\,\sin x+\cos x)\,dx$$

$$=-\sqrt{3}\,\cos x+\sin x+C$$

(C は積分定数).

別解

$$\left\{\cos\left(x+\dfrac{\pi}{6}\right)\right\}'=1\cdot\left\{-\sin\left(x+\dfrac{\pi}{6}\right)\right\}$$

$$=-\sin\left(x+\dfrac{\pi}{6}\right)$$

であるから,

$$\int 2\sin\left(x+\dfrac{\pi}{6}\right)dx=-2\cos\left(x+\dfrac{\pi}{6}\right)+C$$

(C は積分定数).

㉙

(1) $\displaystyle\int_0^{\frac{\pi}{2}}\cos x\,dx=\Big[\sin x\Big]_0^{\frac{\pi}{2}}$

$$=\sin\dfrac{\pi}{2}-\sin 0=1.$$

(2) $\displaystyle\int_0^{\frac{\pi}{4}}\tan^2 x\,dx$

$$=\Big[\tan x-x\Big]_0^{\frac{\pi}{4}} \quad (\text{㉘}(2)\text{参照})$$

$$=\left(\tan\dfrac{\pi}{4}-\dfrac{\pi}{4}\right)-(\tan 0-0)$$

$$=1-\dfrac{\pi}{4}.$$

(3) $\displaystyle\int_0^1 2^x\,dx=\left[\dfrac{1}{\log 2}\cdot 2^x\right]_0^1$

$$= \frac{1}{\log 2} \cdot 2^1 - \frac{1}{\log 2} \cdot 2^0$$

$$= \frac{1}{\log 2}.$$

㉚

(1) $\displaystyle\int x \sin x \, dx$

$$= \int x(-\cos x)' \, dx$$

$$= x(-\cos x) - \int (x)'(-\cos x) \, dx$$

$$= -x\cos x + \int \cos x \, dx$$

$$= -\boldsymbol{x\cos x + \sin x + C}$$

$$\textbf{(C は積分定数)}.$$

(2) $\displaystyle\int x^2 \sin x \, dx$

$$= \int x^2 (-\cos x)' \, dx$$

$$= x^2(-\cos x) - \int (x^2)'(-\cos x) \, dx$$

$$= -x^2 \cos x + 2\int x \cos x \, dx$$

$$= -x^2 \cos x + 2\int x (\sin x)' \, dx$$

$$= -x^2 \cos x + 2\left\{ x\sin x - \int (x)'\sin x \, dx \right\}$$

$$= -x^2 \cos x + 2x\sin x - 2\int \sin x \, dx$$

$$= -\boldsymbol{x^2 \cos x + 2x\sin x + 2\cos x + C}$$

$$\textbf{(C は積分定数)}.$$

(3) $\displaystyle\int \sqrt{x} \log x \, dx$

$$= \int x^{\frac{1}{2}} \log x \, dx$$

$$= \int \left(\frac{2}{3} x^{\frac{3}{2}} \right)' \log x \, dx$$

$$= \frac{2}{3} x^{\frac{3}{2}} \log x - \int \frac{2}{3} x^{\frac{3}{2}} (\log x)' \, dx$$

$$= \frac{2}{3} x^{\frac{3}{2}} \log x - \int \frac{2}{3} x^{\frac{3}{2}} \cdot \frac{1}{x} \, dx$$

$$= \frac{2}{3} x^{\frac{3}{2}} \log x - \frac{2}{3} \int x^{\frac{1}{2}} \, dx$$

$$= \frac{2}{3} x^{\frac{3}{2}} \log x - \frac{4}{9} x^{\frac{3}{2}} + C$$

$$= \boldsymbol{x\sqrt{x}\left(\frac{2}{3}\log x - \frac{4}{9} \right) + C}$$

$$\textbf{(C は積分定数)}.$$

㉛

(1) $\displaystyle\int_0^{\frac{\pi}{2}} x \sin x \, dx$

$$= \int_0^{\frac{\pi}{2}} x(-\cos x)' \, dx$$

$$= \left[-x\cos x \right]_0^{\frac{\pi}{2}} - \int_0^{\frac{\pi}{2}} (x)'(-\cos x) \, dx$$

$$= \int_0^{\frac{\pi}{2}} \cos x \, dx$$

$$= \left[\sin x \right]_0^{\frac{\pi}{2}}$$

$$= \boldsymbol{1}.$$

(2) $\displaystyle\int_1^2 x e^{2x} \, dx$

$$= \int_1^2 x\left(\frac{1}{2} e^{2x} \right)' \, dx$$

$$= \left[\frac{1}{2} x e^{2x} \right]_1^2 - \int_1^2 (x)'\left(\frac{1}{2} e^{2x} \right) \, dx$$

$$= e^4 - \frac{1}{2} e^2 - \frac{1}{2} \int_1^2 e^{2x} \, dx$$

$$= e^4 - \frac{1}{2} e^2 - \frac{1}{2} \left[\frac{1}{2} e^{2x} \right]_1^2$$

$$= e^4 - \frac{1}{2} e^2 - \frac{1}{4}(e^4 - e^2)$$

$$= \boldsymbol{\frac{3}{4} e^4 - \frac{1}{4} e^2}.$$

(3) $\displaystyle\int_1^4 \frac{\log x}{x^2} \, dx$

$$= \int_1^4 \left(-\frac{1}{x} \right)' \log x \, dx$$

$$= \left[-\frac{1}{x} \log x \right]_1^4 - \int_1^4 \left(-\frac{1}{x} \right)(\log x)' \, dx$$

$$=-\frac{1}{4}\log 4+\int_1^4 \frac{1}{x^2}\,dx$$

$$=-\frac{1}{2}\log 2+\left[-\frac{1}{x}\right]_1^4$$

$$=-\frac{1}{2}\log 2+\frac{3}{4}.$$

㉜

(1) $\displaystyle\int e^{-x}\cos x\,dx$

$$=\int(-e^{-x})'\cos x\,dx$$

$$=-e^{-x}\cos x-\int(-e^{-x})(\cos x)'\,dx$$

$$=-e^{-x}\cos x-\int e^{-x}\sin x\,dx$$

$$=-e^{-x}\cos x-\int(-e^{-x})'\sin x\,dx$$

$$=-e^{-x}\cos x+e^{-x}\sin x$$
$$\quad+\int(-e^{-x})(\sin x)'\,dx$$

$$=-e^{-x}\cos x+e^{-x}\sin x-\int e^{-x}\cos x\,dx.$$

よって,

$$2\int e^{-x}\cos x\,dx$$

$$=e^{-x}(\sin x-\cos x)+C \quad (C\text{ は積分定数})$$

であり,

$$\int e^{-x}\cos x\,dx$$

$$=\frac{1}{2}e^{-x}(\sin x-\cos x)+C$$

$$(C\text{ は積分定数}).$$

(2) (1) の結果より,

$$\int_0^{\frac{\pi}{2}} e^{-x}\cos x\,dx$$

$$=\left[\frac{1}{2}e^{-x}(\sin x-\cos x)\right]_0^{\frac{\pi}{2}}$$

$$=\frac{1}{2}e^{-\frac{\pi}{2}}+\frac{1}{2}.$$

㉝

(1) $t=3-4x$ とおくと,

$$x=-\frac{1}{4}(t-3),\quad \frac{dx}{dt}=-\frac{1}{4}\ \text{であり},$$

$$\int \sin(3-4x)\,dx$$

$$=\int \sin t\cdot\left(-\frac{1}{4}\right)dt$$

$$=\frac{1}{4}\cos t+C$$

$$=\frac{1}{4}\cos(3-4x)+C$$

$$(C\text{ は積分定数}).$$

(2) $t=e^x$ とおくと, $t'=e^x$ であり,

$$\int e^x\cos e^x\,dx=\int\cos t\cdot t'\,dx$$

$$=\int\cos t\,dt$$

$$=\sin t+C$$

$$=\sin e^x+C$$

$$(C\text{ は積分定数}).$$

(3) $t=\log x$ とおくと, $t'=\dfrac{1}{x}$ であり,

$$\int\frac{1}{x\log x}\,dx=\int\frac{1}{t}\cdot t'\,dx$$

$$=\int\frac{1}{t}\,dt$$

$$=\log|t|+C$$

$$=\log|\log x|+C$$

$$(C\text{ は積分定数}).$$

(4) $\displaystyle\int\frac{1}{\tan x}\,dx=\int\frac{\cos x}{\sin x}\,dx.$

ここで, $t=\sin x$ とおくと,
$t'=\cos x$ であり,

$$\int\frac{\cos x}{\sin x}\,dx=\int\frac{1}{t}\cdot t'\,dx$$

$$=\int\frac{1}{t}\,dt$$

$$=\log|t|+C$$

$$= \log|\sin x| + C$$
$$\text{(C は積分定数).}$$

㉞

(1) $t = 3x+1$ とおくと，$x = \dfrac{1}{3}(t-1)$，

$\dfrac{dx}{dt} = \dfrac{1}{3}$ であり，

x	$0 \rightarrow 1$
t	$1 \rightarrow 4$

となるから，

$$\int_0^1 x(3x+1)^{\frac{1}{2}}\,dx$$
$$= \int_1^4 \frac{1}{3}(t-1)\cdot t^{\frac{1}{2}}\cdot\frac{1}{3}\,dt$$
$$= \frac{1}{9}\int_1^4\left(t^{\frac{3}{2}} - t^{\frac{1}{2}}\right)dt$$
$$= \frac{1}{9}\left[\frac{2}{5}t^{\frac{5}{2}} - \frac{2}{3}t^{\frac{3}{2}}\right]_1^4$$
$$= \frac{1}{9}\left\{\left(\frac{64}{5} - \frac{16}{3}\right) - \left(\frac{2}{5} - \frac{2}{3}\right)\right\}$$
$$= \frac{116}{135}.$$

(2) $\displaystyle\int_0^{\frac{\pi}{2}}\sin^3 x\,dx = \int_0^{\frac{\pi}{2}}(1-\cos^2 x)\sin x\,dx.$

ここで，$t = \cos x$ とおくと，

$t' = -\sin x$ であり，

x	$0 \rightarrow \dfrac{\pi}{2}$
t	$1 \rightarrow 0$

となるから，

$$\int_0^{\frac{\pi}{2}}(1-\cos^2 x)\sin x\,dx$$
$$= \int_0^{\frac{\pi}{2}}(1-t^2)(-t')\,dx$$
$$= \int_1^0 (t^2-1)\,dt$$
$$= \left[\frac{1}{3}t^3 - t\right]_1^0$$
$$= \frac{2}{3}.$$

(3) $\displaystyle\int_{\frac{\pi}{4}}^{\frac{\pi}{3}}\tan x\,dx = \int_{\frac{\pi}{4}}^{\frac{\pi}{3}}\frac{\sin x}{\cos x}\,dx.$

ここで，$t = \cos x$ とおくと，

$t' = -\sin x$ であり，

x	$\dfrac{\pi}{4} \rightarrow \dfrac{\pi}{3}$
t	$\dfrac{1}{\sqrt{2}} \rightarrow \dfrac{1}{2}$

となるから，

$$\int_{\frac{\pi}{4}}^{\frac{\pi}{3}}\frac{\sin x}{\cos x}\,dx = \int_{\frac{\pi}{4}}^{\frac{\pi}{3}}\frac{1}{t}\cdot(-t')\,dx$$
$$= -\int_{\frac{1}{\sqrt{2}}}^{\frac{1}{2}}\frac{1}{t}\,dt$$
$$= -\Big[\log|t|\Big]_{\frac{1}{\sqrt{2}}}^{\frac{1}{2}}$$
$$= -\log\frac{1}{2} + \log\frac{1}{\sqrt{2}}$$
$$= \frac{1}{2}\log 2.$$

㉟

(1) $x = 2\sin\theta \ \left(-\dfrac{\pi}{2} \leqq \theta \leqq \dfrac{\pi}{2}\right)$ とおく

と，$\dfrac{dx}{d\theta} = 2\cos\theta$ であり，

x	$0 \rightarrow \sqrt{2}$
θ	$0 \rightarrow \dfrac{\pi}{4}$

となるから，

$$\int_0^{\sqrt{2}}\sqrt{4-x^2}\,dx$$
$$= \int_0^{\frac{\pi}{4}}\sqrt{4-4\sin^2\theta}\cdot\frac{dx}{d\theta}\,d\theta$$
$$= \int_0^{\frac{\pi}{4}}2\cos\theta\cdot 2\cos\theta\,d\theta$$
$$\left(\begin{array}{l}0\leqq\theta\leqq\dfrac{\pi}{4} \text{ において } \cos\theta>0 \\ \text{であることを用いた}\end{array}\right)$$
$$= 4\int_0^{\frac{\pi}{4}}\cos^2\theta\,d\theta$$
$$= 2\int_0^{\frac{\pi}{4}}(\cos 2\theta+1)\,d\theta$$

$$= \left[\sin 2\theta + 2\theta \right]_0^{\frac{\pi}{4}}$$

$$= 1 + \frac{\pi}{2}.$$

(2) $x = \sqrt{3} \tan\theta \left(-\frac{\pi}{2} < \theta < \frac{\pi}{2} \right)$ とおくと, $\dfrac{dx}{d\theta} = \dfrac{\sqrt{3}}{\cos^2\theta}$ であり,

$$\begin{array}{c|c} x & 0 \to 1 \\ \hline \theta & 0 \to \dfrac{\pi}{6} \end{array}$$ となるから,

$$\int_0^1 \frac{1}{3 + x^2} \, dx$$

$$= \int_0^{\frac{\pi}{6}} \frac{1}{3 + 3\tan^2\theta} \cdot \frac{dx}{d\theta} \, d\theta$$

$$= \int_0^{\frac{\pi}{6}} \frac{1}{3} \cdot \frac{1}{1 + \tan^2\theta} \cdot \frac{\sqrt{3}}{\cos^2\theta} \, d\theta$$

$$= \int_0^{\frac{\pi}{6}} \frac{\sqrt{3}}{3} \, d\theta$$

$$= \left[\frac{\sqrt{3}}{3} \theta \right]_0^{\frac{\pi}{6}} = \frac{\sqrt{3}}{18} \pi.$$

㊱

(1) $\dfrac{1}{x^2 - 1} = \dfrac{(x+1) - (x-1)}{2(x+1)(x-1)}$

$$= \frac{1}{2} \left(\frac{1}{x-1} - \frac{1}{x+1} \right)$$

であるから,

$$\int \frac{1}{x^2 - 1} \, dx$$

$$= \frac{1}{2} \int \left(\frac{1}{x-1} - \frac{1}{x+1} \right) dx$$

$$= \frac{1}{2} (\log|x-1| - \log|x+1|) + C$$

$$= \frac{1}{2} \log \left| \frac{x-1}{x+1} \right| + C \quad (C \text{ は積分定数}).$$

(2) $\dfrac{x^4}{x^2 + 1} = \dfrac{(x^2+1)(x^2-1) + 1}{x^2 + 1}$

$$= x^2 - 1 + \frac{1}{x^2 + 1} \quad \text{であるから,}$$

$$\int_0^1 \frac{x^4}{x^2 + 1} \, dx$$

$$= \int_0^1 \left(x^2 - 1 + \frac{1}{x^2 + 1} \right) dx$$

$$= \left[\frac{1}{3} x^3 - x \right]_0^1 + \int_0^1 \frac{1}{x^2 + 1} \, dx$$

$$= -\frac{2}{3} + \int_0^1 \frac{1}{x^2 + 1} \, dx.$$

ここで, $x = \tan\theta \left(-\frac{\pi}{2} < \theta < \frac{\pi}{2} \right)$ とおくと, $\dfrac{dx}{d\theta} = \dfrac{1}{\cos^2\theta}$ であり,

$$\begin{array}{c|c} x & 0 \to 1 \\ \hline \theta & 0 \to \dfrac{\pi}{4} \end{array}$$ となるから,

$$\int_0^1 \frac{1}{x^2 + 1} \, dx$$

$$= \int_0^{\frac{\pi}{4}} \frac{1}{\tan^2\theta + 1} \cdot \frac{dx}{d\theta} \, d\theta$$

$$= \int_0^{\frac{\pi}{4}} \frac{1}{\tan^2\theta + 1} \cdot \frac{1}{\cos^2\theta} \, d\theta$$

$$= \int_0^{\frac{\pi}{4}} 1 \, d\theta = \left[\theta \right]_0^{\frac{\pi}{4}} = \frac{\pi}{4}.$$

よって,

$$\int_0^1 \frac{x^4}{x^2 + 1} \, dx = \frac{\pi}{4} - \frac{2}{3}.$$

(3) $\sin 3x \sin 4x = -\dfrac{1}{2} (\cos 7x - \cos x)$ であるから,

$$\int_\pi^{\frac{\pi}{2}} \sin 3x \sin 4x \, dx$$

$$= -\frac{1}{2} \int_\pi^{\frac{\pi}{2}} (\cos 7x - \cos x) \, dx$$

$$=-\frac{1}{2}\left[\frac{1}{7}\sin 7x-\sin x\right]_{\pi}^{\frac{\pi}{2}}$$

$$=-\frac{1}{2}\left(-\frac{1}{7}-1\right)=\frac{4}{7}.$$

㊲

(1) $\displaystyle\int_0^\pi f(t)\sin t\,dt=k$ … ① とおく

と，k は定数であり，

$$f(x)=x+k. \quad \text{…②}$$

これを ① に代入して，

$$\int_0^\pi (t+k)\sin t\,dt=k. \quad \text{…③}$$

$$\int_0^\pi (t+k)\sin t\,dt$$

$$=\int_0^\pi (t+k)(-\cos t)'\,dt$$

$$=\Big[-(t+k)\cos t\Big]_0^\pi$$

$$\quad -\int_0^\pi (t+k)'(-\cos t)\,dt$$

$$=(\pi+k)+(0+k)+\int_0^\pi \cos t\,dt$$

$$=\pi+2k+\Big[\sin t\Big]_0^\pi$$

$$=\pi+2k$$

であるから，③ より，

$$\pi+2k=k.$$

$$k=-\pi.$$

② に代入して，

$$f(x)=x-\pi.$$

(2) $\displaystyle\int_1^x f(t)\,dt=\sqrt{x}+k. \quad \text{…①}$

① の両辺を x で微分して，

$$f(x)=\frac{1}{2\sqrt{x}}.$$

また，① に $x=1$ を代入すると，

$$\int_1^1 f(t)\,dt=1+k,$$

$\displaystyle\int_1^1 f(t)\,dt=0$ であるから，

$$0=1+k.$$

$$k=-1.$$

㊳

2 曲線 $y=\sin x$，$y=\cos x$

$(0\leqq x\leqq 2\pi)$ の共有点において，

$$\sin x=\cos x$$

より，

$$\sin x-\cos x=0.$$

$$\sqrt{2}\sin\left(x-\frac{\pi}{4}\right)=0.$$

$$x=\frac{\pi}{4},\ \frac{5}{4}\pi.$$

$\dfrac{\pi}{4}<x<\dfrac{5}{4}\pi$ のとき，

$$\sin x-\cos x=\sqrt{2}\sin\left(x-\frac{\pi}{4}\right)>0$$

であるから，この範囲で $\sin x>\cos x$

であり，概形は次のようになる．

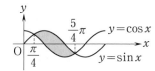

よって，求める面積は，

$$\int_{\frac{\pi}{4}}^{\frac{5}{4}\pi}(\sin x-\cos x)\,dx$$

$$=\Big[-\cos x-\sin x\Big]_{\frac{\pi}{4}}^{\frac{5}{4}\pi}$$

$$=\sqrt{2}-(-\sqrt{2})=2\sqrt{2}.$$

㊴

$y=\dfrac{1}{x^2}$ のグラフは，次のようになる．

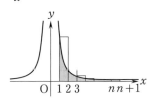

図の影の部分の面積を S とすると,

$$S = \int_1^{n+1} \frac{1}{x^2}\,dx$$

$$= \left[-\frac{1}{x} \right]_1^{n+1}$$

$$= -\frac{1}{n+1} + 1 = \frac{n}{n+1}.$$

一方, 図から,

$$S < 1 + \frac{1}{2^2} + \frac{1}{3^2} + \cdots + \frac{1}{n^2} \quad \text{であるから,}$$

$$1 + \frac{1}{2^2} + \frac{1}{3^2} + \cdots + \frac{1}{n^2} > \frac{n}{n+1}.$$

㊵

(1) $$\lim_{n \to \infty} \frac{1}{n}\left(\sin\frac{\pi}{n} + \sin\frac{2\pi}{n} + \sin\frac{3\pi}{n} + \cdots + \sin\frac{n\pi}{n} \right)$$

$$= \int_0^1 \sin \pi x\,dx$$

$$= \left[-\frac{1}{\pi}\cos \pi x \right]_0^1 = \frac{1}{\pi} - \left(-\frac{1}{\pi} \right) = \frac{2}{\pi}.$$

(2) $$\lim_{n \to \infty} \sum_{k=1}^{n} \frac{n}{n^2 + k^2} = \lim_{n \to \infty} \frac{1}{n} \sum_{k=1}^{n} \frac{n^2}{n^2 + k^2}$$

$$= \lim_{n \to \infty} \frac{1}{n} \sum_{k=1}^{n} \frac{1}{1 + \left(\frac{k}{n} \right)^2}$$

$$= \int_0^1 \frac{1}{1 + x^2}\,dx.$$

ここで, $x = \tan\theta \left(-\frac{\pi}{2} < \theta < \frac{\pi}{2} \right)$

とおくと, $\dfrac{dx}{d\theta} = \dfrac{1}{\cos^2\theta}$ であり,

x	$0 \to 1$
θ	$0 \to \frac{\pi}{4}$

となるから,

$$\int_0^1 \frac{1}{1 + x^2}\,dx$$

$$= \int_0^{\frac{\pi}{4}} \frac{1}{1 + \tan^2\theta} \cdot \frac{dx}{d\theta}\,d\theta$$

$$= \int_0^{\frac{\pi}{4}} \frac{1}{1 + \tan^2\theta} \cdot \frac{1}{\cos^2\theta}\,d\theta$$

$$= \int_0^{\frac{\pi}{4}} 1\,d\theta = \left[\theta \right]_0^{\frac{\pi}{4}} = \frac{\pi}{4}.$$

㊶

題意の立体の, x 軸に垂直な平面による切り口は, PQ を対角線の両端とする正方形であるから, その面積は,

$$\left(\frac{PQ}{\sqrt{2}} \right)^2 = \frac{1}{2}PQ^2$$

$$= \frac{1}{2}(\log t)^2.$$

よって, 求める体積を V とすると,

$$V = \int_1^e \frac{1}{2}(\log t)^2\,dt$$

$$= \frac{1}{2}\int_1^e (t)'(\log t)^2\,dt$$

$$= \frac{1}{2}\left[t(\log t)^2 \right]_1^e - \frac{1}{2}\int_1^e t\{(\log t)^2\}'\,dt$$

$$= \frac{1}{2}e - \frac{1}{2}\int_1^e t \cdot \frac{1}{t} \cdot 2\log t\,dt$$

$$= \frac{1}{2}e - \int_1^e \log t\,dt$$

$$= \frac{1}{2}e - \left[t\log t - t \right]_1^e$$

$$= \frac{1}{2}e - \{(e - e) - (0 - 1)\}$$

$$= \frac{1}{2}e - 1.$$

㊷

曲線 $y = \sqrt{9 - 4x^2}$ と x 軸で囲まれた部分は, 図の影の部分である.

よって, 求める回転体の体積 V は,

$$V = \pi \int_{-\frac{3}{2}}^{\frac{3}{2}} (\sqrt{9 - 4x^2})^2\,dx$$

$$= \pi \int_{-\frac{3}{2}}^{\frac{3}{2}} (9 - 4x^2)\, dx$$

$$= 2\pi \int_{0}^{\frac{3}{2}} (9 - 4x^2)\, dx$$

$$= 2\pi \left[9x - \frac{4}{3}x^3 \right]_{0}^{\frac{3}{2}}$$

$$= 2\pi \left(\frac{27}{2} - \frac{4}{3} \cdot \frac{27}{8} \right) = 18\pi.$$

第 4 章　テスト対策問題

1

(1) $\displaystyle \int \frac{1}{\sin x}\, dx = \int \frac{\sin x}{\sin^2 x}\, dx$

$$= \int \frac{1}{1 - \cos^2 x} \cdot \sin x\, dx.$$

ここで，$\cos x = t$ とおくと，

$t' = -\sin x$ であり，

$$\int \frac{1}{1 - \cos^2 x} \cdot \sin x\, dx$$

$$= \int \frac{1}{1 - \cos^2 x} \cdot (-t')\, dx = \int \frac{-1}{1 - t^2}\, dt$$

$$= \int \frac{1}{(t+1)(t-1)}\, dt$$

$$= \frac{1}{2} \int \left(\frac{1}{t-1} - \frac{1}{t+1} \right) dt$$

$$= \frac{1}{2} (\log|t-1| - \log|t+1|) + C$$

$$= \frac{1}{2} (\log|\cos x - 1| - \log|\cos x + 1|) + C$$

$$= \frac{1}{2} \log \frac{1 - \cos x}{1 + \cos x} + C \quad (C \text{ は積分定数}).$$

(2) $e^x = t$ とおくと，$t' = e^x$ であり，

$$\int \frac{1}{e^x - 1}\, dx$$

$$= \int \frac{1}{(e^x - 1)e^x} \cdot t'\, dx = \int \frac{1}{(t-1)t}\, dt$$

$$= \int \left(\frac{1}{t-1} - \frac{1}{t} \right) dt$$

$$= \log|t-1| - \log|t| + C$$

$$= \log|e^x - 1| - x + C \quad (C \text{ は積分定数}).$$

(3) $\displaystyle \int_{1}^{2} (\log x)^2\, dx$

$$= \int_{1}^{2} (x)' (\log x)^2\, dx$$

$$= \left[x(\log x)^2 \right]_{1}^{2} - \int_{1}^{2} x\{(\log x)^2\}'\, dx$$

$$= 2(\log 2)^2 - 2 \int_{1}^{2} \log x\, dx$$

$$= 2(\log 2)^2 - 2 \left[x\log x - x \right]_{1}^{2}$$

$$= 2(\log 2)^2 - 4\log 2 + 2.$$

(4) $\displaystyle \int_{0}^{\pi} x\cos^2 x\, dx$

$$= \frac{1}{2} \int_{0}^{\pi} x(1 + \cos 2x)\, dx$$

$$= \frac{1}{2} \int_{0}^{\pi} x\left(x + \frac{1}{2}\sin 2x \right)'\, dx$$

$$= \frac{1}{2} \left[x\left(x + \frac{1}{2}\sin 2x \right) \right]_{0}^{\pi} - \frac{1}{2} \int_{0}^{\pi} \left(x + \frac{1}{2}\sin 2x \right) dx$$

$$= \frac{1}{2}\pi^2 - \frac{1}{2} \left[\frac{1}{2}x^2 - \frac{1}{4}\cos 2x \right]_{0}^{\pi}$$

$$= \frac{1}{4}\pi^2.$$

2

(1) $\sin 2\alpha = \dfrac{1}{2}\cos\alpha$ より，

$$2\sin\alpha\cos\alpha = \frac{1}{2}\cos\alpha.$$

$$\cos\alpha\left(2\sin\alpha - \frac{1}{2} \right) = 0.$$

$0 \leqq \alpha < \dfrac{\pi}{2}$ より，$\cos\alpha \neq 0$ であるから，

$$\sin\alpha = \frac{1}{4}.$$

また，

$$\cos 2\alpha = 1 - 2\sin^2\alpha = \frac{7}{8}.$$

(2)

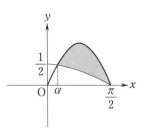

求める面積は，

$$\int_{\alpha}^{\frac{\pi}{2}}\left(\sin 2x - \frac{1}{2}\cos x\right)dx$$

$$=\left[-\frac{1}{2}\cos 2x - \frac{1}{2}\sin x\right]_{\alpha}^{\frac{\pi}{2}}$$

$$=\left(-\frac{1}{2}\cos\pi - \frac{1}{2}\sin\frac{\pi}{2}\right)-\left(-\frac{1}{2}\cos 2\alpha - \frac{1}{2}\sin\alpha\right)$$

$$=\frac{1}{2}\cos 2\alpha + \frac{1}{2}\sin\alpha$$

$$=\frac{1}{2}\cdot\frac{7}{8} + \frac{1}{2}\cdot\frac{1}{4}$$

$$=\frac{9}{16}.$$

3

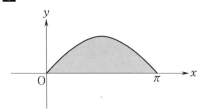

求める体積は，

$$\int_{0}^{\pi}\pi\sin^2 x\,dx$$

$$=\pi\int_{0}^{\pi}\frac{1-\cos 2x}{2}\,dx$$

$$=\frac{\pi}{2}\left[x - \frac{1}{2}\sin 2x\right]_{0}^{\pi}$$

$$=\frac{\pi}{2}\cdot\pi$$

$$=\frac{\pi^2}{2}.$$

4

(1) $\dfrac{1}{1+x^2} - \dfrac{1}{1+x}$

$$=\frac{(1+x)-(1+x^2)}{(1+x^2)(1+x)}$$

$$=\frac{x-x^2}{(1+x^2)(1+x)}$$

$$=\frac{x(1-x)}{(1+x^2)(1+x)}>0$$

$$(0<x<1 \ \text{より})$$

であるから，

$$\frac{1}{1+x^2} > \frac{1}{1+x}.$$

(2) (1)の結果より，

$$\int_{0}^{1}\frac{1}{1+x^2}\,dx > \int_{0}^{1}\frac{1}{1+x}\,dx.$$

ここで，$x=\tan\theta\left(-\dfrac{\pi}{2}<\theta<\dfrac{\pi}{2}\right)$

とすると，

$$\frac{dx}{d\theta}=\frac{1}{\cos^2\theta},$$

x	0	$\to$	1
θ	0	$\to$	$\frac{\pi}{4}$

であるから，

$$\int_{0}^{1}\frac{1}{1+x^2}\,dx = \int_{0}^{\frac{\pi}{4}}\frac{1}{1+\tan^2\theta}\cdot\frac{1}{\cos^2\theta}\,d\theta$$

$$=\left[\theta\right]_{0}^{\frac{\pi}{4}}$$

$$=\frac{\pi}{4}.$$

また，

$$\int_{0}^{1}\frac{1}{1+x}\,dx = \left[\log(1+x)\right]_{0}^{1}$$

$$=\log 2.$$

以上より，

$$\frac{\pi}{4} > \log 2.$$

参考　実際の値は,

$$\frac{\pi}{4} \fallingdotseq 0.7854,$$
$$\log 2 \fallingdotseq 0.6931$$

である.

5

(1)　$\displaystyle \lim_{n \to \infty} \sum_{k=1}^{n} \frac{1}{4n+k}$

$\displaystyle = \lim_{n \to \infty} \frac{1}{n} \sum_{k=1}^{n} \frac{1}{4+\dfrac{k}{n}}$

$\displaystyle = \int_0^1 \frac{1}{4+x}\, dx$

$\displaystyle = \Big[\log(4+x) \Big]_0^1$

$= \log 5 - \log 4$

$\displaystyle = \boldsymbol{\log \frac{5}{4}}.$

(2)　$\displaystyle \lim_{n \to \infty} \sum_{k=1}^{n} \frac{\log \dfrac{n+k}{n}}{n+k}$

$\displaystyle = \lim_{n \to \infty} \frac{1}{n} \sum_{k=1}^{n} \frac{\log \left(1+\dfrac{k}{n}\right)}{1+\dfrac{k}{n}}$

$\displaystyle = \int_0^1 \frac{\log(1+x)}{1+x}\, dx$

$\displaystyle = \int_0^1 \log(1+x) \cdot (\log(1+x))'\, dx$

$\displaystyle = \left[\frac{1}{2} \{\log(1+x)\}^2 \right]_0^1$

$\displaystyle = \frac{1}{2}(\log 2)^2 - \frac{1}{2}(\log 1)^2$

$\displaystyle = \boldsymbol{\frac{1}{2}(\log 2)^2}.$

第 5 章　いろいろな曲線

㊸

(1)　楕円の方程式は,

$$\frac{x^2}{\dfrac{1}{4}} + \frac{y^2}{1} = 1$$

と変形できる.

焦点は, $\left(0, \ \pm\sqrt{1-\dfrac{1}{4}} \right)$, すなわち,

$$\left(0, \ \pm\frac{\sqrt{3}}{2} \right).$$

概形は次の通り.

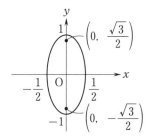

(2)　楕円の方程式は,

$$\frac{x^2}{5} + \frac{y^2}{1} = 1$$

と変形できる.

焦点は, $(\pm\sqrt{5-1}, \ 0)$, すなわち,

$$(\pm 2, \ 0).$$

概形は次の通り.

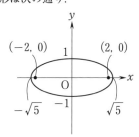

㊹

(1)　焦点は, $(\pm\sqrt{1+1}, \ 0)$, すなわち,

$$(\pm\sqrt{2}, \ 0).$$

漸近線の方程式は,

$$x+y=0, \quad x-y=0.$$

概形は次の通り.

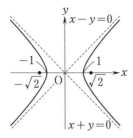

(2) 双曲線の方程式は，
$$\frac{x^2}{5}-\frac{y^2}{4}=-1$$
と変形できる．

焦点は，$(0,\ \pm\sqrt{5+4})$，すなわち，
$$(0,\ \pm3).$$
漸近線の方程式は，
$$\frac{x}{\sqrt{5}}+\frac{y}{2}=0,\quad \frac{x}{\sqrt{5}}-\frac{y}{2}=0.$$
概形は次の通り．

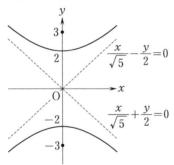

㊺

(1) $y^2=4\cdot\frac{1}{2}x$ より，焦点は $\left(\frac{1}{2},\ 0\right)$，

準線は $x=-\frac{1}{2}$. 概形は次の通り．

(2) $x^2=\frac{1}{3}y=4\cdot\frac{1}{12}y$ より，焦点は

$\left(0,\ \frac{1}{12}\right)$, 準線は $y=-\frac{1}{12}$. 概形は次の通り．

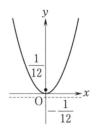

㊻

(1) $2x^2+y^2-8x-2y+1=0$ を変形して，
$$2(x-2)^2-8+(y-1)^2-1+1=0.$$
$$2(x-2)^2+(y-1)^2=8.$$
$$\frac{(x-2)^2}{4}+\frac{(y-1)^2}{8}=1.$$

これは楕円 $\frac{x^2}{4}+\frac{y^2}{8}=1$ を x 軸方向に 2，y 軸方向に 1 だけ平行移動したものである．

楕円 $\frac{x^2}{4}+\frac{y^2}{8}=1$ の焦点は，

$(0,\ \pm\sqrt{8-4})$, すなわち, $(0,\ \pm2)$ であるから，$2x^2+y^2-8x-2y+1=0$ の焦点は，
$$(2,\ 3),\ (2,\ -1).$$
また，概形は次の通り．

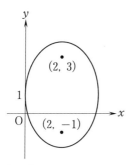

(2) $2x^2-y^2-4x+4y=0$ を変形して,
$2(x-1)^2-2-(y-2)^2+4=0.$
$$2(x-1)^2-(y-2)^2=-2.$$
$$(x-1)^2-\frac{(y-2)^2}{2}=-1.$$

これは,双曲線 $x^2-\dfrac{y^2}{2}=-1$ を x 軸方向に 1,y 軸方向に 2 だけ平行移動したものである.

双曲線 $x^2-\dfrac{y^2}{2}=-1$ の焦点は,$(0,\ \pm\sqrt{1+2})$,すなわち $(0,\ \pm\sqrt{3})$ であるから,$2x^2-y^2-4x+4y=0$ の焦点は,
$$(1,\ 2\pm\sqrt{3}).$$
また,概形は次の通り.

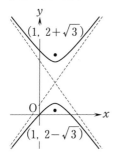

㊼

(1) 楕円の中心は,2 焦点を結ぶ線分の中点,すなわち $(1,\ 0)$ である.よっ

て,この楕円は,原点を中心とする楕円 C_0 を x 軸方向に 1 平行移動したものである.

C_0 の焦点は $(0,\ 3)$,$(0,\ -3)$ であり,C_0 の短軸の長さは 4.

C_0 の方程式を
$$\frac{x^2}{a^2}+\frac{y^2}{b^2}=1 \quad (a>0,\ b>0)$$
とおくと,条件より,
$$\begin{cases} \sqrt{b^2-a^2}=3, \\ 2a=4. \end{cases}$$
これを解いて,
$$a=2,\quad b=\sqrt{13}$$
となるので,
$$C_0:\frac{x^2}{4}+\frac{y^2}{13}=1$$
であり,求める方程式は,
$$\frac{(x-1)^2}{4}+\frac{y^2}{13}=1.$$

(2) この放物線は,原点を頂点とする放物線 C_0 を x 軸方向に 1,y 軸方向に 1 平行移動したものである.

C_0 の準線は,直線 $x=-1$ であるから,C_0 の方程式は,$y^2=4x$.

よって,求める方程式は,
$$(y-1)^2=4(x-1).$$

㊽

(1) $\dfrac{1}{3}x-\dfrac{1}{\sqrt{3}}y=1.$

(2) $(-3+1)(x+1)-(2-1)(y-1)=3$,
すなわち,
$$2x+y+4=0.$$

(3) $(-4+2)(x+2)=8\cdot\dfrac{y+\dfrac{1}{2}}{2}$,
すなわち,
$$x+2y+3=0.$$

㊾

(1) $\begin{cases} x=3-\cos t, \\ y=2\sin t \end{cases}$ より，$\begin{cases} \cos t=3-x, \\ \sin t=\dfrac{y}{2}. \end{cases}$

これらを $\cos^2 t+\sin^2 t=1$ に代入して，

$$(x-3)^2+\frac{y^2}{4}=1.$$

よって，曲線は楕円

$(x-3)^2+\dfrac{y^2}{4}=1$ であり，概形は次のようになる．

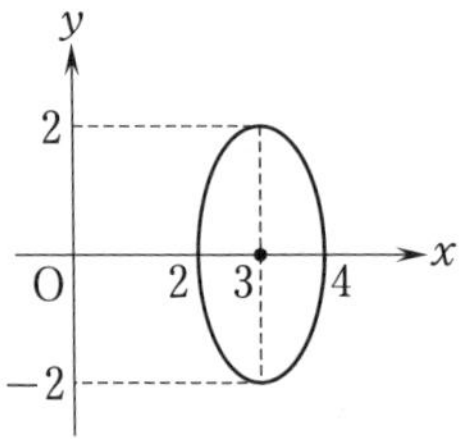

(2) $\begin{cases} x=1+\dfrac{1}{\cos t}, \\ y=-2+2\tan t \end{cases}$ より，

$\begin{cases} \dfrac{1}{\cos t}=x-1, \\ \tan t=\dfrac{y+2}{2}. \end{cases}$

これらを $\dfrac{1}{\cos^2 t}-\tan^2 t=1$ に代入して，

$$(x-1)^2-\frac{(y+2)^2}{4}=1.$$

よって，曲線は双曲線

$(x-1)^2-\dfrac{(y+2)^2}{4}=1$ であり，概形は次のようになる．

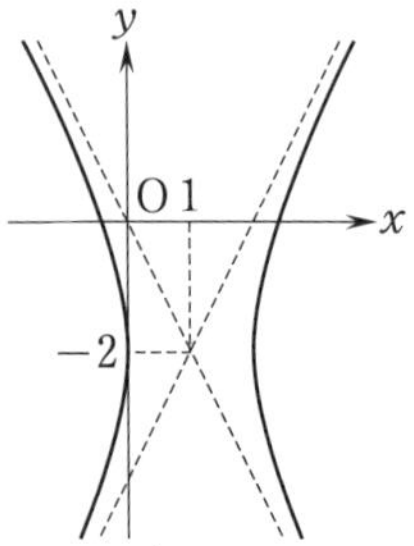

㊿

(1)(i) $x=3\cos\left(-\dfrac{\pi}{2}\right)=0,$

$y=3\sin\left(-\dfrac{\pi}{2}\right)=-3.$

求める直交座標は，$\boldsymbol{(0,\ -3)}$.

(ii) $x=2\sqrt{2}\cos\dfrac{3}{4}\pi=-2,$

$y=2\sqrt{2}\sin\dfrac{3}{4}\pi=2.$

求める直交座標は，$\boldsymbol{(-2,\ 2)}$.

(2)(i)

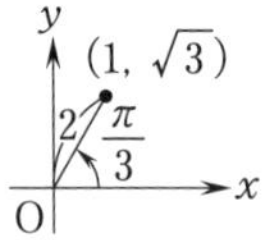

求める極座標は，$\boldsymbol{\left(2,\ \dfrac{\pi}{3}\right)}$.

(ii)

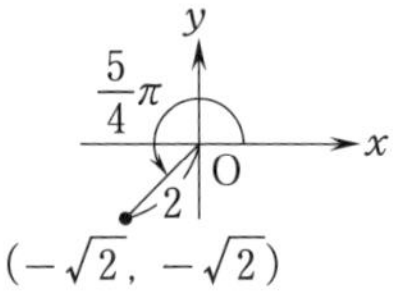

求める極座標は，$\boldsymbol{\left(2,\ \dfrac{5}{4}\pi\right)}$.

(51)

(1) $r\sin\theta=y$ であるから，求める方程式は，

$$\boldsymbol{y=1}.$$

(2) $r=\cos\theta+\sin\theta$ より，

$$r^2=r\cos\theta+r\sin\theta.$$

$r^2 = x^2 + y^2,\ r\cos\theta = x,$
$r\sin\theta = y$ であるから，求める方程式は，
$$x^2 + y^2 = x + y.$$
変形して，
$$x^2 + y^2 - x - y = 0.$$

第5章　テスト対策問題

1

A$(2,\ 3)$ とする.
$$AF = 3,\quad AF' = 5.$$
(1)　C_1 は，
$$PF + PF' = 8$$
をみたす点 P の軌跡である.

長軸は x 軸であり，中心は原点であるから，その方程式は，
$$\frac{x^2}{4^2} + \frac{y^2}{b^2} = 1 \quad (0 < b < 4)$$
と表され，焦点の座標から，
$$\sqrt{16 - b^2} = 2.$$
よって，
$$b = 2\sqrt{3}$$
であり，
$$C_1 : \frac{x^2}{16} + \frac{y^2}{12} = 1.$$

(2)　C_2 は
$$|PF - PF'| = 2$$
をみたす点 P の軌跡である.

よって，直線 FF' (x 軸) と C_2 の交点は $(\pm 1,\ 0)$ であり，C_2 の方程式は
$$\frac{x^2}{1^2} - \frac{y^2}{b^2} = 1 \quad (0 < b)$$
と表され，焦点の座標から，
$$\sqrt{1 + b^2} = 2.$$
よって

$$b = \sqrt{3}$$
であり，
$$C_2 : x^2 - \frac{y^2}{3} = 1.$$

(3)　接線の公式から，C_1 の接線は
$$\frac{x}{8} + \frac{y}{4} = 1,$$
C_2 の接線は，
$$2x - y = 1.$$
注　このとき，C_1 の接線と C_2 の接線は垂直である.

2

準線は軸と垂直であるから，その方程式は
$$x = k \quad (k\ \text{は定数})$$
と表される.

また，放物線は焦点と準線からの距離が等しい点の軌跡であるから，準線と点 $(3,\ 4)$ の距離は，
$$\sqrt{3^2 + 4^2} = 5.$$
よって，$|k - 3| = 5$ であり，
$$k = -2,\ 8.$$
$k = -2$ のとき，
$$\text{準線} : x = -2.$$
このとき，C は直線 $x = -1$ を準線とし，焦点 $(1,\ 0)$ である放物線
$$y^2 = 4x$$
を x 軸方向に -1 だけ平行移動したものであるから，
$$C : y^2 = 4(x + 1).$$
$k = 8$ のとき，
$$\text{準線} : x = 8.$$
このとき，C は直線 $x = 4$ を準線とし，焦点 $(-4,\ 0)$ である放物線
$$y^2 = -16x$$
を x 軸方向に 4 だけ平行移動したものであるから，

$$C : y^2 = -16(x-4).$$

3

$x = r\cos\theta, \ y = \sin\theta. \quad \cdots (*)$

(1) C_1 の方程式に $(*)$ を代入して，求める極方程式は，
$$r^2 \sin\theta\cos\theta = 1.$$

(2) C_2 の方程式に $(*)$ を代入して，求める極方程式は，
$$r^2(\cos^2\theta - \sin^2\theta) = 1.$$
すなわち，
$$r^2 \cos 2\theta = 1.$$

(3) 原点中心に $\dfrac{\pi}{4}$ 回転し，$\sqrt{2}$ 倍に拡大すると，r 座標は $\sqrt{2}$ 倍になり，θ 座標は $\dfrac{\pi}{4}$ 増える．

よって，C_2 を回転・拡大した図形の極方程式は，
$$\left(\frac{r}{\sqrt{2}}\right)^2 \cos 2\left(\theta - \frac{\pi}{4}\right) = 1.$$
変形して，
$$\frac{r^2}{2}\cos\left(2\theta - \frac{\pi}{2}\right) = 1,$$
$$\frac{r^2}{2}\cos\left(\frac{\pi}{2} - 2\theta\right) = 1,$$
$$\frac{r^2}{2}\sin 2\theta = 1,$$
$$\frac{r^2}{2}\cdot 2\sin\theta\cos\theta = 1,$$
$$r^2 \sin\theta\cos\theta = 1.$$
これは C_1 の極方程式であるから，題意は示された．

第6章 複素数平面

㊾

次の図のようになる．

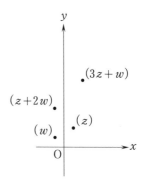

注 A(z)，B(w)，P($z+2w$)，Q($3z+w$) とするとき，
$$\overrightarrow{OP} = \overrightarrow{OA} + 2\overrightarrow{OB},$$
$$\overrightarrow{OQ} = 3\overrightarrow{OA} + \overrightarrow{OB}$$
となっていることを確認しておくこと．

㊾

z，w を複素数平面に表して絶対値，偏角を求めてもよいが，ここでは別の方法を紹介する．

(1) $|z| = \sqrt{1^2 + (-1)^2} = \sqrt{2}$.
$\arg z = \theta_1$ とすると，
$$\sqrt{2}\cos\theta_1 = 1, \quad \sqrt{2}\sin\theta_1 = -1$$
より，$\theta_1 = -\dfrac{\pi}{4}$.
よって，
$$z = \sqrt{2}\left\{\cos\left(-\frac{\pi}{4}\right) + i\sin\left(-\frac{\pi}{4}\right)\right\}.$$
同様にして，$|w| = 2$，$\arg w = \dfrac{\pi}{3}$ であり，
$$w = 2\left(\cos\frac{\pi}{3} + i\sin\frac{\pi}{3}\right).$$

(2) $|zw| = |z||w| = 2\sqrt{2}$，
$\arg zw = \arg z + \arg w = \dfrac{\pi}{12}$ より，
$$zw = 2\sqrt{2}\left(\cos\frac{\pi}{12} + i\sin\frac{\pi}{12}\right).$$

㊴

$$2|z-1|=|z-4|$$
$$\Longleftrightarrow$$
$$4|z-1|^2=|z-4|^2$$
$$\Longleftrightarrow$$
$$4(z-1)(\overline{z}-1)=(z-4)(\overline{z}-4)$$
$$\Longleftrightarrow$$
$$4z\overline{z}-4z-4\overline{z}+4=z\overline{z}-4z-4\overline{z}+16$$
$$\Longleftrightarrow$$
$$3z\overline{z}=12$$
$$\Longleftrightarrow$$
$$z\overline{z}=4$$
$$\Longleftrightarrow$$
$$|z|^2=4$$
$$\Longleftrightarrow$$
$$|z|=2.$$

よって，**z は原点を中心とする半径 2 の円を描く**．

㊶

$z=r(\cos\theta+i\sin\theta)$ として，
$$z^3=r^3(\cos 3\theta+i\sin 3\theta).$$
一方，
$$8i=8\left(\cos\frac{\pi}{2}+i\sin\frac{\pi}{2}\right)$$
であるから，
$$\begin{cases} r^3=8, \\ 3\theta=\dfrac{\pi}{2}+2k\pi \quad (k\text{ は整数}). \end{cases}$$
$0\leqq\theta<2\pi$ より，
$$-\frac{1}{4}\leqq k<\frac{11}{4}$$
となるから，$k=0,\ 1,\ 2.$
したがって，

$$z=\begin{cases} 2\left(\cos\dfrac{\pi}{6}+i\sin\dfrac{\pi}{6}\right), \\ 2\left(\cos\dfrac{5}{6}\pi+i\sin\dfrac{5}{6}\pi\right), \\ 2\left(\cos\dfrac{3}{2}\pi+i\sin\dfrac{3}{2}\pi\right). \end{cases}$$

複素数平面に表すと，次のようになる．

㊸

直線 $y=2x$ を α の動径とすると，α は $1+2i$ の偏角であり，
$$\cos\alpha+i\sin\alpha=\frac{1}{\sqrt{5}}(1+2i),$$
$$\cos\alpha-i\sin\alpha=\frac{1}{\sqrt{5}}(1-2i).$$
求める点の座標を $(x,\ y)$，
$$z=5+5i,\quad w=x+yi$$
とすれば，
$$\frac{1}{\sqrt{5}}w(1-2i)=\frac{1}{\sqrt{5}}\overline{z(1-2i)}$$
より，
$$\begin{aligned} w(1-2i)&=\overline{z(1-2i)} \\ &=(5-5i)(1+2i) \\ &=15+5i, \end{aligned}$$
$$\begin{aligned} w&=\frac{15+5i}{1-2i} \\ &=\frac{(15+5i)(1+2i)}{1+4} \\ &=(3+i)(1+2i) \\ &=1+7i. \end{aligned}$$
これが $x+yi$ であるから，求める座標は，

$$(\mathbf{1},\ \mathbf{7}).$$

(57)

図形 C 上の点を $(a,\ b)$，$(a,\ b)$ を原点のまわりに $\dfrac{\pi}{4}$ 回転した点を $(X,\ Y)$ とする．

$$X+Yi=(a+bi)\left(\cos\frac{\pi}{4}+i\sin\frac{\pi}{4}\right)$$

より，

$$\begin{aligned}a+bi&=(X+Yi)\left(\cos\frac{\pi}{4}-i\sin\frac{\pi}{4}\right)\\&=(X+Yi)\left(\frac{1}{\sqrt{2}}-\frac{1}{\sqrt{2}}i\right)\\&=\left(\frac{1}{\sqrt{2}}X+\frac{1}{\sqrt{2}}Y\right)+\left(-\frac{1}{\sqrt{2}}X+\frac{1}{\sqrt{2}}Y\right)i.\end{aligned}$$

これより，

$$\begin{cases}a=\dfrac{1}{\sqrt{2}}X+\dfrac{1}{\sqrt{2}}Y,\\ b=-\dfrac{1}{\sqrt{2}}X+\dfrac{1}{\sqrt{2}}Y.\end{cases}\quad\cdots(*)$$

a，b は，

$$a^2-2ab+b^2+a+b=0,$$

すなわち

$$(a-b)^2+a+b=0$$

をみたす．(*) を代入して，

$$(\sqrt{2}\,X)^2+\sqrt{2}\,Y=0.$$

$$Y=-\sqrt{2}\,X^2.$$

よって，求める図形 D の方程式は，

$$\boldsymbol{y=-\sqrt{2}\,x^2}.$$

注　これより，図形 D は放物線であるから，図形 C も放物線とわかる．

第6章　テスト対策問題

1

$$1+\sqrt{3}\,i=2\left(\cos\frac{\pi}{3}+i\sin\frac{\pi}{3}\right),$$

$$1+i=\sqrt{2}\left(\cos\frac{\pi}{4}+i\sin\frac{\pi}{4}\right)$$

であるから，

$$\frac{1+\sqrt{3}\,i}{1+i}=\sqrt{2}\left(\cos\frac{\pi}{12}+i\sin\frac{\pi}{12}\right).$$

したがって，

$$\begin{aligned}\left(\frac{1+\sqrt{3}\,i}{1+i}\right)^8&=(\sqrt{2})^8\left(\cos\frac{8}{12}\pi+i\sin\frac{8}{12}\pi\right)\\&=16\left(\cos\frac{2}{3}\pi+i\sin\frac{2}{3}\pi\right)\\&=16\left(-\frac{1}{2}+\frac{\sqrt{3}}{2}i\right)\\&=\boldsymbol{-8+8\sqrt{3}\,i}.\end{aligned}$$

注　$a+bi$ の形で表すことが要求されていても，複素数の n 乗を求めるには極形式が便利である．

2

z の極形式を $r(\cos\theta+i\sin\theta)$ とする．ただし，$0\leqq\theta<2\pi$ とする．

$$z^4=r^4(\cos 4\theta+i\sin 4\theta).$$

一方，

$$-1=1(\cos\pi+i\sin\pi)$$

であるから，

$$\begin{cases}r^4=1,\\ 4\theta=\pi+2n\pi\quad(n\text{ は整数}).\end{cases}$$

$0\leqq\theta<2\pi$ より，

$$-\frac{1}{2}\leqq n<\frac{7}{2}.$$

これより $n=0,\ 1,\ 2,\ 3$ であり，

$$\theta=\frac{\pi}{4},\ \frac{3}{4}\pi,\ \frac{5}{4}\pi,\ \frac{7}{4}\pi.$$

よって，

$$z=\begin{cases}1\left(\cos\dfrac{\pi}{4}+i\sin\dfrac{\pi}{4}\right),\\ 1\left(\cos\dfrac{3}{4}\pi+i\sin\dfrac{3}{4}\pi\right),\\ 1\left(\cos\dfrac{5}{4}\pi+i\sin\dfrac{5}{4}\pi\right),\\ 1\left(\cos\dfrac{7}{4}\pi+i\sin\dfrac{7}{4}\pi\right).\end{cases}$$

すなわち,

$$z=\frac{1}{\sqrt{2}}+\frac{1}{\sqrt{2}}i,\ -\frac{1}{\sqrt{2}}+\frac{1}{\sqrt{2}}i,$$

$$-\frac{1}{\sqrt{2}}-\frac{1}{\sqrt{2}}i,\ \frac{1}{\sqrt{2}}-\frac{1}{\sqrt{2}}i.$$

3

【解 ①】

$z=x+yi$　（$x,\ y$ は実数)

とおく.

$|z|=1$ より,

$$x^2+y^2=1.$$

よって,

$$z+\frac{1}{z}=(x+yi)+\frac{1}{x+yi}$$

$$=(x+yi)+\frac{x-yi}{(x+yi)(x-yi)}$$

$$=(x+yi)+\frac{x-yi}{x^2+y^2}$$

$$=(x+yi)+(x-yi)$$

$$=2x\quad（実数).$$

【解 ②】

$|z|=1$ より,

$$z\bar{z}=1,$$

$$\bar{z}=\frac{1}{z}.$$

よって,

$$z+\frac{1}{z}=z+\bar{z}$$

であり, 互いに共役である 2 つの複素数の和より, これは実数である.

4

(1) $z_1{}^2-z_1z_2+z_2{}^2=0$ の両辺を $z_2{}^2$ で割って,

$$\left(\frac{z_1}{z_2}\right)^2-\frac{z_1}{z_2}+1=0.$$

解の公式を用いて,

$$\frac{z_1}{z_2}=\frac{1\pm\sqrt{1-4}}{2}$$

$$=\frac{1}{2}\pm\frac{\sqrt{3}}{2}i.$$

(2) $\dfrac{z_1}{z_2}=\cos\dfrac{\pi}{3}\pm i\sin\dfrac{\pi}{3}$ であるから,

A は, O を中心に B を $\pm\dfrac{\pi}{3}$ だけ回転した点である.

これより,

$$\begin{cases}OA=OB,\\ \angle AOB=\dfrac{\pi}{3}.\end{cases}$$

したがって, 三角形 OAB は,

正三角形.

第 7 章　ベクトル

テスト対策問題

1

$$\overrightarrow{AP}=\frac{1}{2}\overrightarrow{AB},$$

$$\overrightarrow{AQ}=\frac{2}{3}\overrightarrow{AC}.$$

R は線分 BQ 上にあるので,

$$\overrightarrow{AR}=x\overrightarrow{AB}+(1-x)\overrightarrow{AQ}$$

$$=x\overrightarrow{AB}+\frac{2}{3}(1-x)\overrightarrow{AC}$$

$$(0\leqq x\leqq1)$$

と表され, R は線分 CP 上にあるので,

$$\overrightarrow{AR}=y\overrightarrow{AC}+(1-y)\overrightarrow{AP}$$

$$=\frac{1}{2}(1-y)\overrightarrow{AB}+y\overrightarrow{AC}$$

$$(0\leqq y\leqq1)$$

と表される.

$\overrightarrow{AB},\ \overrightarrow{AC}$ は 1 次独立であるから,

$$\begin{cases}x=\dfrac{1}{2}(1-y),\\[2mm] \dfrac{2}{3}(1-x)=y.\end{cases}$$

これを解いて,

$$x = \frac{1}{4}, \quad y = \frac{1}{2}.$$

$(0 \leqq x \leqq 1, \ 0 \leqq y \leqq 1 \ を満たす.)$

よって,

$$\overrightarrow{AR} = \frac{1}{4}\overrightarrow{AB} + \frac{1}{2}\overrightarrow{AC}$$

であり,

$$s = \frac{1}{4}, \quad t = \frac{1}{2}.$$

2

$$\overrightarrow{AB} \cdot \overrightarrow{AC} = 8 \cdot 6 \cos 60° = 24.$$

$\overrightarrow{AH} = x\overrightarrow{AB} + y\overrightarrow{AC}$ とおく.

$\overrightarrow{BH} \cdot \overrightarrow{AC} = 0$ より,

$$\{(x-1)\overrightarrow{AB} + y\overrightarrow{AC}\} \cdot \overrightarrow{AC} = 0.$$

$$(x-1)\overrightarrow{AB} \cdot \overrightarrow{AC} + y|\overrightarrow{AC}|^2 = 0.$$

$$24(x-1) + 36y = 0. \quad \cdots ①$$

$\overrightarrow{CH} \cdot \overrightarrow{AB} = 0$ より,

$$\{x\overrightarrow{AB} + (y-1)\overrightarrow{AC}\} \cdot \overrightarrow{AB} = 0.$$

$$x|\overrightarrow{AB}|^2 + (y-1)\overrightarrow{AB} \cdot \overrightarrow{AC} = 0.$$

$$64x + 24(y-1) = 0. \quad \cdots ②$$

①, ② より,

$$x = \frac{1}{6}, \quad y = \frac{5}{9}.$$

よって,

$$\overrightarrow{AH} = \frac{1}{6}\overrightarrow{AB} + \frac{5}{9}\overrightarrow{AC}.$$

(参考)

B から辺 AC に下ろした垂線と AC の交点を P, C から辺 AB に下ろした垂線と AB の交点を Q とする.

$AP = 8\cos 60° = 4$, $AQ = 6\cos 60° = 3$ であるから,

$$\overrightarrow{AP} = \frac{2}{3}\overrightarrow{AC}, \quad \overrightarrow{AQ} = \frac{3}{8}\overrightarrow{AB}.$$

これを用いて, **1** と同様に解いてもよい.

(参考終り)

3

$$\overrightarrow{OB} = \vec{a} + \vec{c},$$

$$\overrightarrow{OD} = \frac{1}{3}\vec{a},$$

$$\overrightarrow{OE} = \vec{a} + \frac{3}{5}\vec{c},$$

$$\overrightarrow{OF} = \frac{1}{3}\vec{a} + \vec{c},$$

$$\overrightarrow{OG} = \frac{3}{5}\vec{c},$$

$$\overrightarrow{OH} = \frac{1}{3}\vec{a} + \frac{3}{5}\vec{c}.$$

(1)
$$\overrightarrow{HB} = \overrightarrow{OB} - \overrightarrow{OH}$$
$$= \frac{2}{3}\vec{a} + \frac{2}{5}\vec{c}.$$

(2) I は線分 AG 上にあるから,

$$\overrightarrow{OI} = x\overrightarrow{OA} + (1-x)\overrightarrow{OG}$$
$$= x\vec{a} + \frac{3}{5}(1-x)\vec{c}$$
$$(0 \leqq x \leqq 1)$$

と表され, I は線分 CD 上にあるから,

$$\overrightarrow{OI} = y\overrightarrow{OC} + (1-y)\overrightarrow{OD}$$
$$= \frac{1}{3}(1-y)\vec{a} + y\vec{c}$$
$$(0 \leqq y \leqq 1)$$

と表される.

$\vec{a}, \ \vec{c}$ は1次独立であるから,

$$\begin{cases} x = \dfrac{1}{3}(1-y), \\ \dfrac{3}{5}(1-x) = y. \end{cases}$$

これを解いて,

$$x = \frac{1}{6}, \quad y = \frac{1}{2}.$$

$(0 \leqq x \leqq 1, \ 0 \leqq y \leqq 1 \ を満たす.)$

よって,

$$\overrightarrow{OI} = \frac{1}{6}\vec{a} + \frac{1}{2}\vec{c}.$$

(3)　(1), (2) の結果より，

$$\vec{BI}=\vec{OI}-\vec{OB}=-\frac{5}{6}\vec{a}-\frac{1}{2}\vec{c},$$

$$\vec{BH}=-\vec{HB}=-\frac{2}{3}\vec{a}-\frac{2}{5}\vec{c}.$$

よって，

$$\vec{BH}=\frac{4}{5}\vec{BI}$$

が成り立つ．

したがって，3 点 B, H, I は同一直線上にある．

4

条件より，

$$|\vec{a}|=|\vec{b}|=|\vec{c}|=1.$$

(1)　$\vec{c}=-\dfrac{2\vec{a}+3\vec{b}}{4}$ であるから，

$$|\vec{c}|^2=\frac{1}{16}(4|\vec{a}|^2+12\vec{a}\cdot\vec{b}+9|\vec{b}|^2)=1.$$

$$4+12\vec{a}\cdot\vec{b}+9=16.$$

よって，

$$\vec{a}\cdot\vec{b}=\frac{1}{4}.$$

$\vec{a}=-\dfrac{3\vec{b}+4\vec{c}}{2}$ であるから，

$$|\vec{a}|^2=\frac{1}{4}(9|\vec{b}|^2+24\vec{b}\cdot\vec{c}+16|\vec{c}|^2)=1.$$

$$9+24\vec{b}\cdot\vec{c}+16=4.$$

よって，

$$\vec{b}\cdot\vec{c}=-\frac{7}{8}.$$

$\vec{b}=-\dfrac{2\vec{a}+4\vec{c}}{3}$ であるから，

$$|\vec{b}|^2=\frac{1}{9}(4|\vec{a}|^2+16\vec{c}\cdot\vec{a}+16|\vec{c}|^2)=1.$$

$$4+16\vec{c}\cdot\vec{a}+16=9.$$

よって，

$$\vec{c}\cdot\vec{a}=-\frac{11}{16}.$$

(2)　線分 OA の中点を A′，線分 OB を $3:1$ に内分する点を B′ とすると，

$$\vec{OA'}=\frac{1}{2}\vec{a},\quad \vec{OB'}=\frac{3}{4}\vec{b}$$

であり，

$$\vec{OA'}+\vec{OB'}+\vec{OC}=\frac{1}{4}(2\vec{a}+3\vec{b}+4\vec{c})=\vec{0}.$$

よって，O は三角形 A′B′C の重心であり，三角形 A′B′C の内部の点，したがって，三角形 ABC の内部の点である．

これより，

$$\triangle ABC=\triangle OAB+\triangle OBC+\triangle OCA$$
$$=\frac{1}{2}\sqrt{|\vec{a}|^2|\vec{b}|^2-(\vec{a}\cdot\vec{b})^2}$$
$$+\frac{1}{2}\sqrt{|\vec{b}|^2|\vec{c}|^2-(\vec{b}\cdot\vec{c})^2}$$
$$+\frac{1}{2}\sqrt{|\vec{c}|^2|\vec{a}|^2-(\vec{c}\cdot\vec{a})^2}$$
$$=\frac{1}{2}\sqrt{1-\left(\frac{1}{4}\right)^2}+\frac{1}{2}\sqrt{1-\left(-\frac{7}{8}\right)^2}$$
$$+\frac{1}{2}\sqrt{1-\left(-\frac{11}{16}\right)^2}$$
$$=\frac{1}{2}\cdot\frac{\sqrt{15}}{4}+\frac{1}{2}\cdot\frac{\sqrt{15}}{8}+\frac{1}{2}\cdot\frac{3\sqrt{15}}{16}$$
$$=\frac{9}{32}\sqrt{15}.$$

5

(1)　条件より，

$$\begin{cases}|\vec{a}|^2-2\vec{a}\cdot\vec{b}+|\vec{b}|^2=1,\\ 9|\vec{a}|^2+12\vec{a}\cdot\vec{b}+4|\vec{b}|^2=9.\end{cases}$$

これより，

$$\begin{cases}|\vec{a}|^2+|\vec{b}|^2=1+2\vec{a}\cdot\vec{b},\\ 9|\vec{a}|^2+4|\vec{b}|^2=9-12\vec{a}\cdot\vec{b}\end{cases}$$

であり，$|\vec{a}|^2$, $|\vec{b}|^2$ の連立方程式として解くと，

$$|\vec{a}|^2=1-4\vec{a}\cdot\vec{b},$$
$$|\vec{b}|^2=6\vec{a}\cdot\vec{b}.$$

(2) $\vec{a}\cdot\vec{b}=t$ とおく.

$|\vec{a}|^2=1-4t\geqq 0$, $|\vec{b}|^2=6t\geqq 0$

より, $0\leqq t\leqq\dfrac{1}{4}$ が必要.

ここで, $t=0$ のとき,

$|\vec{b}|=0$, $|\vec{a}|=1$, $\vec{a}\cdot\vec{b}=0$

より, 条件を満たす $\vec{a}$, $\vec{b}$ をとることができる.

また, $t=\dfrac{1}{4}$ のとき,

$|\vec{a}|=0$, $\vec{a}\cdot\vec{b}=\dfrac{1}{4}$ より不適.

$0<t<\dfrac{1}{4}$ のとき, $\vec{a}$, $\vec{b}$ のなす角を θ として,

$$\vec{a}\cdot\vec{b}=|\vec{a}||\vec{b}|\cos\theta$$

より,

$$\cos\theta=\frac{\vec{a}\cdot\vec{b}}{|\vec{a}||\vec{b}|}=\frac{\sqrt{t}}{\sqrt{1-4t}\cdot\sqrt{6}}.$$

$|\cos\theta|\leqq 1$ より,

$$\frac{t}{6(1-4t)}\leqq 1$$

となって,

$$t\leqq\frac{6}{25}.$$

$0<t<\dfrac{1}{4}$ とあわせて,

$$0<t\leqq\frac{6}{25}.$$

以上より, $\vec{a}\cdot\vec{b}$ のとり得る値の範囲は,

$$0\leqq\vec{a}\cdot\vec{b}\leqq\frac{6}{25}.$$

(3) $|\vec{a}+\vec{b}|^2=|\vec{a}|^2+2\vec{a}\cdot\vec{b}+|\vec{b}|^2$
$=(1-4t)+2t+6t$
$=1+4t$

であるから, (2)の結果を用いて,

$$1\leqq|\vec{a}+\vec{b}|^2\leqq\frac{49}{25}.$$

よって,

$$1\leqq|\vec{a}+\vec{b}|\leqq\frac{7}{5}.$$

6

$\overrightarrow{OD}=\dfrac{1}{4}\overrightarrow{OA}$, $\overrightarrow{OE}=\dfrac{2}{3}\overrightarrow{OA}+\dfrac{1}{3}\overrightarrow{OB}$, $\overrightarrow{OF}=\dfrac{1}{3}\overrightarrow{OC}$.

(1) $\overrightarrow{DE}=\overrightarrow{OE}-\overrightarrow{OD}=\dfrac{5}{12}\overrightarrow{OA}+\dfrac{1}{3}\overrightarrow{OB}$.

$\overrightarrow{DF}=\overrightarrow{OF}-\overrightarrow{OD}=-\dfrac{1}{4}\overrightarrow{OA}+\dfrac{1}{3}\overrightarrow{OC}$.

(2) G は平面 DEF 上にあるから,
$\overrightarrow{DG}=x\overrightarrow{DE}+y\overrightarrow{DF}$
$=\left(\dfrac{5}{12}x-\dfrac{1}{4}y\right)\overrightarrow{OA}+\dfrac{1}{3}x\overrightarrow{OB}+\dfrac{1}{3}y\overrightarrow{OC}$

と表される.

一方, G は辺 BC 上にあるから,
$$\overrightarrow{BG}=z\overrightarrow{BC} \quad (0\leqq z\leqq 1)$$

と表され,
$\overrightarrow{DG}=(1-z)\overrightarrow{DB}+z\overrightarrow{DC}$
$=(1-z)(\overrightarrow{OB}-\overrightarrow{OD})+z(\overrightarrow{OC}-\overrightarrow{OD})$
$=(1-z)\left(\overrightarrow{OB}-\dfrac{1}{4}\overrightarrow{OA}\right)+z\left(\overrightarrow{OC}-\dfrac{1}{4}\overrightarrow{OA}\right)$
$=-\dfrac{1}{4}\overrightarrow{OA}+(1-z)\overrightarrow{OB}+z\overrightarrow{OC}$.

$\overrightarrow{OA}$, $\overrightarrow{OB}$, $\overrightarrow{OC}$ は1次独立であるから,

$$\begin{cases} \dfrac{5}{12}x-\dfrac{1}{4}y=-\dfrac{1}{4}, \\[2mm] \dfrac{1}{3}x \quad\quad =1-z, \\[2mm] \dfrac{1}{3}y \quad\quad =z. \end{cases}$$

これを解いて,

$$x=\frac{3}{4}, \ y=\frac{9}{4}, \ z=\frac{3}{4}$$

となるから,

$$\overrightarrow{DG}=\frac{3}{4}\overrightarrow{DE}+\frac{9}{4}\overrightarrow{DF}.$$

(3) (2) より,

$$\overrightarrow{BG} = z\overrightarrow{BC} = \frac{3}{4}\overrightarrow{BC}.$$

よって,

$$k = \frac{3}{4}.$$

7

$$\vec{a} + t\vec{b} = (3+2t,\ -1+2t,\ 2+t)$$

であるから,

$$\begin{aligned}
|\vec{a} + t\vec{b}|^2 &= (3+2t)^2 + (-1+2t)^2 + (2+t)^2 \\
&= 9t^2 + 12t + 14 \\
&= 9\left(t + \frac{2}{3}\right)^2 + 10.
\end{aligned}$$

よって, $|\vec{a} + t\vec{b}|^2$ は, $t = -\dfrac{2}{3}$ の

ときに最小値 10 をとる.

したがって, 求める $|\vec{a} + t\vec{b}|$ の最

小値は,

$$\sqrt{10}.\quad \left(t = -\frac{2}{3}\ \text{のとき.}\right)$$

8

条件より,

$$|\vec{a}| = |\vec{b}| = 3,\quad |\vec{c}| = 2,$$
$$|\vec{a} - \vec{c}| = |\vec{b} - \vec{c}| = 3,\quad |\vec{a} - \vec{b}| = 2.$$

(1) $|\vec{a} - \vec{b}|^2 = |\vec{a}|^2 - 2\vec{a}\cdot\vec{b} + |\vec{b}|^2$

より,

$$4 = 9 - 2\vec{a}\cdot\vec{b} + 9.$$

よって, $\boldsymbol{\vec{a}\cdot\vec{b} = 7.}$

$$|\vec{a} - \vec{c}|^2 = |\vec{a}|^2 - 2\vec{a}\cdot\vec{c} + |\vec{c}|^2$$

より,

$$9 = 9 - 2\vec{a}\cdot\vec{c} + 4.$$

よって, $\boldsymbol{\vec{a}\cdot\vec{c} = 2.}$

(2) $|\vec{b} - \vec{c}|^2 = |\vec{b}|^2 - 2\vec{b}\cdot\vec{c} + |\vec{c}|^2$

より,

$$9 = 9 - 2\vec{b}\cdot\vec{c} + 4.$$

よって, $\vec{b}\cdot\vec{c} = 2.$

ここで, $\overrightarrow{OP} = p\vec{a} + q\vec{b}$ より

$$\overrightarrow{CP} = p\vec{a} + q\vec{b} - \vec{c}$$

であり, $\overrightarrow{CP}$ が平面 OAB と垂直であ

るから,

$$\overrightarrow{CP}\cdot\vec{a} = \overrightarrow{CP}\cdot\vec{b} = 0.$$

これより,

$$\begin{cases} p|\vec{a}|^2 + q\vec{a}\cdot\vec{b} - \vec{a}\cdot\vec{c} = 0, \\ p\vec{a}\cdot\vec{b} + q|\vec{b}|^2 - \vec{b}\cdot\vec{c} = 0. \end{cases}$$

すなわち

$$\begin{cases} 9p + 7q - 2 = 0, \\ 7p + 9q - 2 = 0 \end{cases}$$

となる. これを解いて,

$$p = q = \frac{1}{8}.$$

9

(1) $\begin{aligned}[t] |\overrightarrow{AB}|^2 &= |\vec{b} - \vec{a}|^2 \\ &= |\vec{b}|^2 - 2\vec{a}\cdot\vec{b} + |\vec{a}|^2 \\ &= 8, \end{aligned}$

$\begin{aligned}[t] |\overrightarrow{AC}|^2 &= |\vec{c} - \vec{a}|^2 \\ &= |\vec{c}|^2 - 2\vec{a}\cdot\vec{c} + |\vec{a}|^2 \\ &= 6, \end{aligned}$

$\begin{aligned}[t] \overrightarrow{AB}\cdot\overrightarrow{AC} &= (\vec{b} - \vec{a})\cdot(\vec{c} - \vec{a}) \\ &= |\vec{a}|^2 - \vec{a}\cdot\vec{b} - \vec{a}\cdot\vec{c} + \vec{b}\cdot\vec{c} \\ &= 4. \end{aligned}$

(2) $\begin{aligned}[t] \overrightarrow{AH} &= s\overrightarrow{AB} + t\overrightarrow{AC} \\ &= s(\vec{b} - \vec{a}) + t(\vec{c} - \vec{a}) \\ &= (-s-t)\vec{a} + s\vec{b} + t\vec{c} \end{aligned}$

であるから,

$$\begin{aligned} \overrightarrow{OH} &= \overrightarrow{OA} + \overrightarrow{AH} \\ &= (1-s-t)\vec{a} + s\vec{b} + t\vec{c}. \end{aligned}$$

(3) $\overrightarrow{AB}\cdot\overrightarrow{OH} = \overrightarrow{AC}\cdot\overrightarrow{OH} = 0$ より,

$$(\vec{b} - \vec{a})\cdot\overrightarrow{OH} = 0,\quad (\vec{c} - \vec{a})\cdot\overrightarrow{OH} = 0.$$

よって,

$$\vec{a}\cdot\overrightarrow{OH} = \vec{b}\cdot\overrightarrow{OH} = \vec{c}\cdot\overrightarrow{OH}$$

となる.

これより,

$$\begin{aligned} &(1-s-t)|\vec{a}|^2 + s\vec{a}\cdot\vec{b} + t\vec{a}\cdot\vec{c} \\ &= (1-s-t)\vec{a}\cdot\vec{b} + s|\vec{b}|^2 + t\vec{b}\cdot\vec{c} \end{aligned}$$

$$= (1-s-t)\vec{a}\cdot\vec{c} + s\vec{b}\cdot\vec{c} + t|\vec{c}|^2.$$

$$4(1-s-t) + \frac{1}{2}t$$

$$= 4s + \frac{1}{2}t$$

$$= \frac{1}{2}(1-s-t) + \frac{1}{2}s + 3t.$$

これを解いて,

$$s = \frac{5}{16}, \quad t = \frac{3}{8}.$$

(4) 三角形 ABC を底面とする三角すいとみて, 底面積は,

$$\triangle\text{ABC} = \frac{1}{2}\sqrt{|\overrightarrow{\text{AB}}|^2|\overrightarrow{\text{AC}}|^2 - (\overrightarrow{\text{AB}}\cdot\overrightarrow{\text{AC}})^2}$$

$$= \frac{1}{2}\sqrt{8\cdot 6 - 4^2} = 2\sqrt{2}.$$

高さは,

$$|\overrightarrow{\text{OH}}| = \sqrt{\left|\frac{5}{16}\vec{a} + \frac{5}{16}\vec{b} + \frac{3}{8}\vec{c}\right|^2}$$

$$= \frac{1}{16}\sqrt{25|\vec{a}|^2 + 25|\vec{b}|^2 + 36|\vec{c}|^2 + 50\vec{a}\cdot\vec{b} + 60\vec{b}\cdot\vec{c} + 60\vec{a}\cdot\vec{c}}$$

$$= \frac{\sqrt{23}}{4}.$$

したがって, 求める体積は,

$$\frac{1}{3}\cdot 2\sqrt{2}\cdot\frac{\sqrt{23}}{4} = \frac{\sqrt{46}}{6}.$$

ベイシス数学ⅢC